シェアキッチン、SNS、ECサイトをフル活用する

食と農のプチ起業

小野 淳
ATSUSHI ONO

イカロス出版

カバー装丁＝オカムラダイスケ
カバー写真＝鈴木 純、小野 淳

序章
「おいしさを届ける」ことは今、最高の仕事

すごくおいしそうに食べる人を見ていると、思わずほほえみたくなりませんか？
自分自身がおいしいものを食べれば幸せになりますが、不思議なもので、赤の他人がおいしそうに食べている姿にも人は惹かれ、見ていて幸せを感じたりもします。

私は東京都国立市で「くにたちはたけんぼ」というコミュニティ農園を運営しています。地元の市民が集い、さまざまな農体験を通じてコミュニティ活動をおこなう農園です。

農園ではいろいろな動物を飼っているのですが、子どもたちに、「ウサギのごはんになるから雑草抜いて〜」とか、「ミミズはウコッケイの大好物だよ」などと声をかけると、**子どもたちは大喜びで動物たちにごちそうを届けようと働き始めます。**ヒツジやヤギを飼っていた頃は、彼らが**草をモリモリ食べる姿を見るためだけに、大**

勢の人々が農園を訪れたものでした。

そんな子どもたちや人々の姿を見ていると、生きものの本能である「食べる」という行為には、強い引力があるのだなあと感じます。

自分へのご褒美として、おいしいものを一人でじっくり味わう時間も幸せでしょう。ただ、誰かと「おいしいね」と言い合ったり、「こんなにおいしかった」とSNSなどで発信したり、作ってくれた人に「おいしいです、ありがとう」と伝えると、「食の体験」はより完成したものとして記憶に留まります。

ストレスフルな都市生活のなかで、**そうした幸せな食の瞬間に立ち会えること自体、私には純粋な喜びです。**私が提供する畑での「農体験プログラム」もたいてい、野菜を収穫して終わりではなく、畑の窯で焼いてピザにしたり、採れたて野菜の彩りサラダや蒸かし芋、ナスの素揚げなどにして食べるところまでがセット。そこまでしないと、せっかくの「食の体験」の一部にしか関われず、私の仕事の楽しさが半減してしまいます。

もうひとつ大事なのは、「食のまわりにはコミュニティができる」ことです。「同じ釜の飯を食う」という言葉がありますが、そうすることで私たちは人とのつながりを実感します。あらゆる冠婚葬祭や歓迎の場には食がつきものです。食卓を囲むことこそが、お近づきのしるしなのです。

実は、食や農の現場に関わる仕事は、それほど利益率の高い事業にはなりません。さらに満足度を高めたいと内容やサービスを充実させると、すぐ利益率が低下するジレンマとも隣り合わせ。それでも食や農の小さな起業家たちは、おいしいものを作り、それを食べた人の幸せな顔を見たくて、ついつい頑張ってしまいます。

そして、そういうことをする人のまわりには必ず人が集まります。**おいしさを届ける仕事は、コミュニティを作る仕事でもあるのです。**

食の起業は今がチャンス

いま、食の世界は大きく変わろうとしています。多くの人が想像もしなかった感染症の猛威によって、人と人が会って楽しく会食することは当たり前のことではなくなってしまいました。世界の飲食業界が大打撃から回復するには、まだ時間がかかりそうです。

友人知人同士のコミュニケーションは、これまでなら、インターネットで適当なおいしい店を探し、予約して集まるという形が主流でした。でも今後、感染症流行の危機がひとまず去った後も、元に戻るのではなく何らかの変化があるでしょう。

人々は「家で」「小さく」「身近な人と」「手作りで」というミニマムでローカルな暮らしに慣れてきました。これも悪くないかなという人が増え、その新しい価値観はあきらかに広がっています。

小さくとも特色があって、個別の要望にも柔軟に対応してくれる個人店、地元で採れる農産物をふんだんに使ったお菓子や総菜、「買い物をする」というより店主や作り手とのよもやま話が楽しい日常。

どこか昭和時代の商店街をほうふつさせますが、「個の時代」と言われる現代、昔がえりのようなこんな〝商店〟は着実に増えています。リアル店舗以上に増殖しているのがインターネットの世界。**全国的な知名度はなくとも、特定のコミュニティの中でコアなファンを獲得している食のプロが魅力を増しているのです。**

名だたるブランドを作るわけではないけれど、**変化には柔軟に対応し、こだわりの食を届けて「おいしかった」「ありがとう」と言われながら、小さく長く事業を続ける。**変化の激しい世の中で安心感と充実感を求め、そんな仕事の仕方や生き方を選ぶ人は確実に増えています。

そのことを裏付けるように、この2年ほど、食の起業の登竜門ともいえる**製造許可型のシェアキッチンの需要が急増**しています。自前のキッチンや機材を持たずともパンやお菓子などを保健所の許可をクリアして販売できるのです。コロナ禍で実店舗をたたみ、新たな道を探っている飲食業界の人もいますが、食とは縁のない仕事の人が、転職や副業で自分の腕試しを始めたいと問い合わせて来る例が、引きも切らないそうです。

私の妻は地元農産物を使ったジャムとピクルスの製造販売という仕事を２０１４年に始めましたが、自分が使っていない間のキッチンを他の利用者に貸し出すようになり、２０１８年にはシェアキッチン事業へ完全に移行。２０１９年には新たな物件を借りてシェアキッチン事業を拡大しました。今まさにその需要の大波を感じていると言います。

かくいう私の農園も２０２０年から需要が伸び始めました。近隣での非日常体験を楽しむ「マイクロツーリズム」という概念も広がり、都市近郊での農的な体験は人気が高まっています。田んぼや野菜作りの体験プログラムの募集をかけると、例年にも増してあっという間に満席になります。食への関心が高い人は、いずれ原材料の供給元に興味を持つものです。**食と農の距離を縮める商品やサービスは、まだま**

だ需要開拓の余地がたくさんあります。

あなたが今、おいしいものを作る技術や、食と農をつなげるサービスのアイデアなどを持っているなら、食や農で小さく起業することはお勧めです。転職して本格的に参入するか、時間を切って副業や複業で始めるかは、自分の置かれた状況や事情から個々に判断してほしいですが、どちらにしても「手元にある資源をフル活用して」「最小限の投資で小さく始める」ことが原則です。

昭和時代の商店主と大きく異なるのは、**現代には、食や農の小さな起業家が活用できる便利なツールがそろっていること**です。食べものなら、製造許可型のシェアキッチンを借りて製造し、ＥＣサイトのプラットフォームを利用して自分の販売サイトを作り、ＳＮＳを駆使して告知し、サイトへ誘導する。これで早ければ明日からでも、「私の作ったおいしいもの」を商品として販売することができます。

ただし、立ち上げた小さな事業を持続させるには、経営面の課題をクリアしなければなりません。ミニマムな起業ほど、いろいろな仕事を自分でこなすオールマイティさも必要です。

一人起業は楽しくやりがいのある仕事だけでは済みません。経理や税務、労務などへの苦手意識から起業をためらう人も少なくないでしょう。私もまさにその一人。偶然が重なって起業しましたが、苦手なことは役割分担できる会社組織のほうが向いていると思っていました。しかし、実際に始めてみれば、周囲の人たちの協力を仰ぎながらなんとなるものです。本書では、失敗のリスクを少しでも減らすアドバイス、ファンを確実に増やしていくノウハウなどもあわせ、それらを実例と経験に基づいて解説していきます。

本書の後半では、２０２０年、２０２１年のコロナ禍の中で、食や農のプチ起業や事業拡大を決意・実行した起業家たちにインタビュー。戦略や収支についても事細かに訊ねました。「食」のジャンルはあえて幅広く、農業やお酒づくりまで網羅しています。

本書で扱う食と農のプチ起業は、起業そのものが目的ではなく、「**自分にとって納得のいく生き方、働き方をイメージして、それを実現するための手段**」です。だからこそ視野を広く持ち、時には複数の要素を組み合わせる視点も備えていただきたいと思うのです。

「食べる」という幸福に関わる仕事を自分で立ち上げ、小さくとも長く、したたかに楽しく続けていく。その実例とノウハウの詰まった本書が、大海原に小舟を漕ぎ出して自由に生きようとするみなさんにとって実用的な道具となり、コロナ禍後の生き方、働き方のアイデア集になればと願っています。

目次

第3章

第4章

第7章 工夫次第で事業になる「農のプチ起業」「お酒のプチ起業」 201

＊本書に掲載の情報は、すべて2021年6月現在のものです。
問合せや利用の際にはウェブサイトやSNSなどで最新の情報をご自身でお確かめください。

第1章

プチ起業にも「理念」と「収支設計」が必要です

「なぜ起業するのか?」を明確にする

起業というと、何やら大げさなイメージがあるかもしれません。テレビやインターネットの記事などで紹介される「起業家」たちの人生は、一発勝負の賭けに出て大儲けしたり、大失敗して莫大な借金を抱えたりと、かなりドラマチックです。

一方で、起業=事業を始めることは、いつでも誰でも簡単にできます。実は、メルカリやヤフーオークションで不用品を販売したり、インターネット上のサイトで安く仕入れたものを別のサイトで転売することも事業。これなら今どき、高校生や中学生も気軽にやっています。

しかし、本書で扱う起業は、「大きく勝負に出る起業」でも「手っ取り早く収入を得る事業」でもありません。簡単にいえば「**自分の想いや理念を実現する、持続可能で小さな起業**」です。

どんなものかを説明するために、まずは少しだけ、私のことをお話しさせてください。

なりゆきで独立、起業

私がサラリーマンを完全に辞めて独立したのは2014年、40歳の時でした。当時、会社で私が責任者を務めていた貸し農園や農園サービス事業が、少しずつ軌道に乗り始めた一方、経営者と意見が合わなくなったのです。話し合いの末、独立して事業を続ける道を選びました。つまり、なりゆきです。

4月の年度替わりを控えており、貸し農園のお客さまに早くお知らせしなくてはなりません。「農天気」という名の通りノウテンキな社名を付け、新しい電話番号とメールアドレス、ホームページを開設して、2週間で形を整えました。事業計画などありません。

2016年にはNPO法人を設立し、理事長に就任しました。携わっていた都市農地を活用する市民団体の事業を、より公的な存在にするためです。現在、おもに「農サービス」を手がける株式会社農天気は年商1000万円ほどの小さな会社ですが、NPO法人「くにたち農園の会」は、2020年度に5つの事業所と30名近いスタッフを抱え、決算額が1億円を超えるNPOに急成長しました。

このNPOはもともと、市民が農地をコミュニティ活動の場として活用できるようにと、2012年に始まった市民団体でした。設立当初、私は会社員をしながら一市民としてこの団体の設立から運営に携わっていました。報酬のないボランティア活動です。NPO設立当初に200万円程度だった年間収益は、4年で約50倍に。事業領域も、コミュニティ農園の運営、子育て支援、古民家などの会場貸し、民泊、体験型観光ツアー、認定こども園（保育園と幼稚園が合体した保育施設）の運営などに広がり、2019年から私も役員報酬を受け取っています。

「株式会社とNPOのどちらが本業？」と訊かれたら、「いまは両方です」としか答えようのないバランスなのです。

私の事業の本質は「伝える」こと

ただ株式会社もＮＰＯも、運営はハッキリ言って行き当たりばったり。目の前の課題や頼まれごとにとり組みながら、何とか毎年を乗り越えてきたという実感です。でも、これでいいと思っています。**私が経営者として重視しているのは、「稼ぎ」より「持続性」**だからです。

私の社会人としてのキャリアスタートは、テレビ番組のディレクターでした。『素敵な宇宙船地球号』（テレビ朝日）という環境番組を制作したことで、日本の都市と農村の関係、食の安全保障、環境問題についてより深く本質に迫りたくなり、30歳で農業法人へ転職しました。

結局、自分の好奇心や興味の赴くままに新しい世界と出会い、それを他人へ魅力的に伝えることが、私の最大の関心事なのです。今、都市の中で農的な空間を活かした環境教育や体験型観光、地域の子育て支援をおこなうのも、そこで感じた面白さや課題を「伝える」ことが大きな目的。だから農業に関する取材や執筆、講演、メディア取材のサポートを積極的におこなっています。会社や組織は、いわばその手段に過ぎないのです。

運営こそ行き当たりばったりですが、**自分の目指したい方向性は、常にブレないよう意識していました。**おかげでいまは、株式会社とNPOそれぞれの特色を生かした事業が相乗効果を生み、実現したいことの輪郭が、より明瞭になっているのを感じます。「農が身近にある都市生活」を多くの人に提供し、都市で暮らす人たちのライフスタイルを、より多様で持続性の高いものにするお手伝いがしたいのです。

自分がそうだからか、日頃お付き合いする経営者たちも、目先の規模や稼ぎより自身の理念を重んじます。社会課題の解決や自分自身の生き方に照らして起業したケースが本当に多いのです。

大失敗せず継続する方法

つまり本書は、「かなえたい自分の興味・関心」「活かしたいスキル」「解決したい社会課題」「活かしたい資源（不動産、環境、人材、ノウハウなど）」が最初にあり、それを仕事として成立させ、大失敗せずに継続するには、どのように事業を立ち上げ、どのようにすればいいか知りたい人に向けて書いています。

株式会社の設立から5年以内で廃業する確率は、60％。10社中6社が5年でなくなる新陳代謝の早い社会です。そのなかで私が、株式会社を7年、NPOを前身団体から数えて8年続けてこられたのには、やはり理由があると思っています。

私は大成功しているわけではないので、成功への近道をお伝えすることはできません。しかし、金もコネも人脈もない状態で10年前、国立市へ引っ越し、今では夫婦で4つの法人を立ち上げ、継続しています。その中で培ったノウハウ、考え方、仕事に対する姿勢などを、なるべく丁寧にお伝えします。さらに、妻が運営するシェアキッチンの利用者や、私が知り合った農業で起業した人たちへの取材、日頃のおつき合いで教わった「持続性の高そうなプチ起業」の方法も、詳しくご紹介します。

「大失敗しない小さな事業のつくりかた」と「継続のしかた」を、食と農のプチ起業家たちの実例から学んでいきましょう。

ポイント

① 起業はあくまでも手段
② 目的は「興味・関心」「スキルやノウハウ」「もっている資源」を仕事につなげること
③ 稼ぎよりもやるに値することを「大失敗せずに継続する」を優先させる

事業のサステナビリティをつくる

書店のビジネス書コーナーに行くと、「○○万円稼ぐ」と掲げた起業本が目に付きます。

ただ、この「稼ぐ」は年商を表していることが多いのです。年商から経費、減価償却費、借入金の返済などを引いた所得が、サラリーマンにとっての年収。実際、年間売上が1000万円、2000万円あっても、経費などを差し引くと火の車で、毎月が綱渡り状態という事業者も少なくありません。

かと思えば、小さな畑を借りて露地野菜を作り、年間売上500万円にも満たない（所得はその半分）のに、十分満足している新規就農者もいます。食べものには困らないし、やりがいを感じる仕事を自分の裁量でおこなっているからです。

青臭いようですが、**プチ起業の醍醐味は第一に、この「やりがい」です。**好きなこと、得意なこと、課題解決のためにやりたいことを仕事にする場合、**収益を得る目的は、まず事業の継続**。その観点で、ここでは事業の「持続可能性」、事業のサステナビリティをどう作っていくかについて解説しましょう。

プチ起業は「安定低空飛行」で

私の会社、株式会社農天気の開業初年度の売上は、約900万円でした。

これだと毎月20万円程度の役員報酬を確保するのが精いっぱい。子どもが3人いて、妻はまだ仕事に本腰が入っておらず、世帯収入は大卒初任給レベルというありさまでした。それでも楽しく事業を継続できたのは、農園の収穫物が豊富にあったこと、毎日子どものそばで仕事ができるので保育にかけるお金が最低限で済むこと、借家でローンはなく、困った時は身近に相談できる事業者仲間がたくさんいたことなど。こうした諸条件が重なれば、あんがい平気なものです。

当然ながら、収入が平均して支出を上回れば、事業はつぶれません。少々乱暴に言えば、大きな借り入れがなく、人の雇用で発生する固定費もなければ、**支出を抑えることで行き当たりばったりでも経営は続けられます。**

この**「安定低空飛行」からはじめる**ことが、小さな起業では大切だと私は思っています。イメージはエンジンのない紙飛行機。ガソリンいらずで、風が吹けば舞い上がり、風が止んでもしばらくは低空飛行を続け、墜落はせずフワリと地面に着地する。これなら大ケガしたり、爆発して周囲に迷惑をかけることも、まずありません。

ただし、「売上が低くても大丈夫」と手放しで安心していたら、事業の継続がいずれ危なくなります。事業で生じた人間関係、技術、商品力は、着実に育てることが必要です。目先の収入には（なるべく）一喜一憂せず、時間をかけて土を耕し、種を播いておく。これをくり返していると、数年後に畑（事業）のあちこちで結実が見られるようになってきます。

播いた種が育つのを待てる心の余裕のために、安定低空飛行のイメージを持っておくのです。

雇用なし、オフィスなし

小さく起業して従業員を雇用しなければ、自宅内に事務所を設け、車を社有にするなどで、個人の支出を大幅に減らすことができます。

㈱農天気の事務所は自宅内にあり、会社から私個人に対して家賃を支払っています。といっても事務所のデスクは、襖を取り払った居間の押し入れの天板。この畳1枚にも満たないスペースが「社長席」で、実際ここで毎日の事務仕事をしながら7年間、会社を経営してきました。来客にギョッとされたことも一度ならずですが、リモートワークが定着すれば、こんな仕事のスタイルも珍しいものではなくなるかもしれません。

事務所が自宅にある場合、打合せはカフェなどでおこなうことも多くなり、その飲食代を会議費や接待交際費という経費にできます。また事業に関連する専門書、事業運営の情報収集に役立つ有料サイト（専門誌や新聞など）の会員料なども新聞図書費に計上できます。こうした自宅起業の経費活用ノウハウは、本やサイトにあふれていますので、しっかり勉強しましょう。

とにかく小さな起業の経営者は、さまざまな支出を経費にすることが可能です。その節税分を合わせれば、実質的に月収を増やすことが容易にできるのです。

ケース別収支設計のポイント

「安定低空飛行」なんて志が低すぎる、社会的なインパクトのない事業じゃやりがいがない、と感じる人もいるかもしれません。でも、やってみればわかりますが、**事業は起こすことより継続することのほうが圧倒的にむずかしいのです**。まずは、「最悪でも安定低空飛行できる状態を見据えられていれば、事業を継続させることはそれほどむずかしくない」というイメージを持つことが大事です。

そのうえで、当面の目標を設定しましょう。

収入のある配偶者がいて起業する場合

配偶者にある程度、安定的な収入があるなら、起業するにも安心感がありますね。ただ、押さえておきたい点がいくつかあります。

たとえば、配偶者に収入があって専業主婦（夫）をしている人が、子どもが保育園や学校へ行っている時間を使って事業を始める場合、パートタイム労働と同じく「扶養の範囲」が問題になります。

基本的には**年間所得（売上ー経費）が、１０３万円（所得税等の配偶者控除）または１３０万円（社会保険料の配偶者控除）を超えると、配偶者の給与計算に大きく影響します**ので、勤務先へも報告する必要があります。控除については配偶者の年収などによっても変わるため、税務署の無料相談会などに参加するか、社会保険労務士（社労士）、税理士などに相談すると確実です。

また小さく始めるとはいえ、**年間48万円（副業の場合20万円）以上の所得があれば、個人事業主として確定申告しなければなりません**。怠ると罰則もありますので注意しましょう。

くり返しになりますが、「売り上げの総額」と「所得」は違います。〈売上−経費〉が所得なので、経費として計上できる金額が大きくなれば所得は下がります。先ほど、自宅内に作った事務所や仕事に役立つ資料代などを経費として計上するメリットに触れましたが、所得が低いほど税金も安くなり、控除内に収まる可能性が高くなります。

だから**経費をコントロールすることはとても重要なのです**。個人事業主や経営者たちが経費の証拠である「領収書」を大事にし、タクシー乗車や飲食の際に必ず受け取るのはそのためです。

しかし、世帯収入を上げることが目的なら、起業よりパートやアルバイトのほうが格段にリスクが低く、確実です。起業は、社会課題を解決したい、自己実現したいなどと思ったときの手段のひとつ。「扶養の範囲」や「節税」に縛られて事業を調整するのは本末転倒です。

起業が成功するか、成功しても持続できるかどうかは未知数です。スタート後、所得が100万円を超える可能性が見えてきたら、配偶者控除がなくなってもいいのかどうかの判断も含めて、配偶者とあらためて話し合うのが現実的な対応でしょう。それまでに税制や社会保険について、解説本などである程度の知識を得ておくといいと思います。

ちなみに、わが家は夫婦それぞれが2014年に起業し、妻が事業を個人事業から株式会社に変更した2019年に、社会保険などを含めて完全に分離しました。

ポイント

---

①所得＝〈売上－経費〉 売上（事業における収入）と所得（実際に受け取る金額）は別物

②所得が多いほど税金も多い。あらゆる経費を確実に計上する

③パートナーの配偶者控除、配偶者特別控除の金額を確認しておく

副業として起業する場合

政府の推進する「働き方改革」によって、副業解禁を明言する大企業も増えてきました。これからますます副業・複業を社会全体で推し進めていく機運が高まっていくと思われます。**社会の変動が激しいなか、1つの会社だけに頼るのは個人のキャリア形成上ハイリスクですし、70歳までの雇用が視野に入ってきた現在、もはや企業にとっても一人の労働者の生活を1社だけで支えるのは荷が重いのです。**

会社員として一定の収入が保障されている状態で起業すれば、失敗をおそれずチャレンジができます。成功すれば所得が増えるだけでなく、次のキャリアへ向けての選択肢も増えるのです。私自身も会社員をしながら地域団体の役員という〝副業〟を勤務先から認めてもらい、やがて起業に踏み切ったので、副業のメリットはよくわかります。

ただ、注意しなければならないのが「時間」と「事業の切り分け」です。

ワーク・ライフバランスという言葉がありますが、**副業を始める場合は、ワーク1（本業）、ワーク2（副業）、ライフ（生活）という3つのバランスを取ることが必要になるのです。**

たとえば、コンピュータプログラミングやイラスト制作など、自分の持つ技術で仕事を受ける場合、手っ取り早く所得向上が可能です。ただし当然ながら、副業にとり組む時間は本業以外の生活時間（夜間や早朝、休日など）になるので、仕事が増えるほど生活時間が圧迫されることは避けられません。

さらに食や農の起業は、ほとんどの場合、生産・製造やサービスを提供すること自体に時間がかかり、材料費もかかります。生産性を上げるには設備投資や人への投資が必要で、目先の所得増にとらわれるとバランス取りがむずかしくなり、どこかが破綻してしまう危険があります。

副業の成果を所得だけに求め、焦って所得増をめざすことは止めましょう。**せっかく本業の収入で生活できるのですから、副業は長い目で〝じっくり育てる〟気構えが大切です。**

私自身のことを振り返ってみると、副業だったNPO法人は急成長しましたが、最初の数年間は無報酬。だからこそ、**本業や生活に価値をもたらすような仕事をしようと常に意識していました。**

前身の市民団体でのコミュニティ農園活動は、私の会社の集客や宣伝につながりましたし、金銭を介さないゆるやかな関係を多くの人と結べて、初めての土地で子育てする私たちは大きな安心や楽しさを感じたのです。収入には直結しなくても、ワーク・ライフバランス上に大きな価値をもたらしました。

幸い、**食や農の起業の多くは「おいしさ」や「楽しさ」を届けることが本質なので、家庭や地域に成果を還元して感謝されやすいのです。**気長なようですが、そうやってまずは感謝の輪、つまり顧客を広げていくと、あるとき副業が本業をしのぐほど成長するチャンスが訪れるかもしれません。何より、本業が厳しいときに次のステップへ踏み出す力が蓄積されます。

ポイント

---

①　1週間のなかで、その事業にとり組める時間を、無理のない範囲で算出する

②　その範囲内で始め、それ以上は広げないか、広げるなら本業や生活の在り方を見直す

③　直近の所得向上より、価値を生んで感謝されることに重きを置く

本業として起業する場合（個人事業主）

起業する段階で確実な販売先や受注先が見えている。あるいは、起業のための貯金を元手にしばらくは百パーセント事業に注力できる。――サラリーマンなどの本業を辞めて、起業だけで食べていこうというときは、このように何かしらのバックアップがあると安心です。

本業として起業する場合、**収支設計には事業だけでなく自分の生活も含めます。**まずは、年間でかかる最低限の生活コストを、家賃（住宅ローン）、水道光熱費、食費、通信費、保険料など項目ごとに出しますが、大事なのは無理に切り詰めた額にしないこと。倹約はコストダウンに有益ですが、人生の楽しみまで切り詰めては、プチ起業した目的を見失いかねません。

こうして最低限確保しなければならない生活費がわかると、事業の売上目標が立てやすくなります。

次に事業の「売上」を見積もります。**売上は「1日8時間・週5日の稼働で提供できる商品やサービスの数×単価」を、実績や前例などから算出するのが基本です**。しかし、まったく新しい商品やサービスの場合、それがすべて売り切れるかどうか、自分の実力と運を信じて算出するしかありません。

事業の「支出」の計算は、全体の売上に対してかかる割合で考えると、わかりやすくなります。事業所をかまえ、仕入れたものを加工して販売する事業では、**売上を10とすると、家賃、水道光熱費、借入返済などの固定経費が3、仕入れなどの変動経費が3、人件費（自分自身の報酬含む）3、利益が1、という目安**。つまり売上1000万円で、自分の額面報酬が300万円です。そこから所得税や住民税、国民年金や国民健康保険などの社会保険料を引いて、手取り250万円となるイメージです。

この売上を毎月に均すと83万円強。一般的に単価が低めの食農分野では、少しハードルが高いかもしれません。だからこそ、第2章で詳しく触れるように、**事業のスタート時に経費を減らす工夫が大事**になってきます。

また製造や生産だけでなく、事務手続きや営業、外注先とのやりとりなどにかかる時間も実働時間に含まれることを忘れてはいけません。思わぬトラブルが起きれば、売上を失う上に、修復に時間と労力ばかり費やすことも考えられます。**一人起業は、会社組織でいえば、総務や経理から商品開発、仕入れ、生産、営業、広報宣伝、そして経営判断まで、すべてを一人でこなします。**対顧客にだけ注力できるわけではないのです。

希望的観測ではなく、「好調の8割程度」で売上を見積もることと、支出を多少高めにみること。その収支設計で「収益」がマイナスにならなければ、達成の難易度はずいぶん下がります。あとは折々で計画の達成度や進捗具合をシビアに見たうえで、副業として、関連業界でのアルバイトや有償の研修生として雇ってもらうアプローチを遠慮なくおこないましょう。起業初期に本業を持続させるため、最低限の所得を確保するのです。

営業の達成目標を掲げたり、自分を追い込んで売上を伸ばしたりするやり方は、とくに食農起業においては、苦境を楽しめる人以外、お勧めできません。手痛い失敗談や苦労話は、時に経営者同士の酒の肴にはなりますが、消費者にとってはネガティブイメージそのもの。「おいしい」「楽しい」を提供するはずの人に〝辛い、キツい〟という印象がつくと、顧客離れを起こすこともあります。

食農の事業では、とくに、自分自身いかに仕事を楽しんでいるかが商品やサービスにあらわれます。**「自分の大好きなものを作り、提供している」という熱量がファンを惹きつける**ことを覚えておいてください。

ポイント

①生活費を正確に把握することで売り上げ目標を立てやすくなる
②売上は最大限稼働、販売の8割程度で見込んでおく
③売上に占める支出の割合は「固定費」「変動費」「人件費」が3ずつ、残り1が利益

法人を作って起業する場合

社会課題解決型の事業を始める場合、あるいは取引先として大きな企業や組織が想定される場合は、法務局に登記された「法人」になるとメリットが大きいです。**法人は、事業を拡大する意志があること、社会的な存在であることの象徴**だからです。

株式会社を設立するには、30万円ほどの費用がかかりますが、合同会社、一般社団法人など、より簡易な法人設立方法もあります。また、行政など公的な団体と仕事をしやすくするためには、特定非営利活動促進法で認定されるNPO法人（特定非営利活動法人）を立ち上げてもいいかもしれません。

行政的な事務手続きの負担は大きいですが、法人化すると社会的信用度が増し、個人事業主より融資や支援が受けやすくなります。そのぶん、より法令順守を意識して、説明責任を果たすことも求められます。また、年間約8万円の法人市民税という経費が確実に加わりますし、自身の確定申告のほか、法人の税務書類も整える必要があります。一人起業の場合、決算期には税理士への外注も考えたほうがいいでしょう。

法人になれば経費は確実に増えますが、さまざまな税制上の控除もあるため、個人事業主より株式会社のほうが得になる境目は所得500～600万円と言われます。そのあたりも税理士に相談するといいでしょう。

思わぬ落とし穴、社会保険料、消費税など

もうひとつ、起業の際に見落としがちなのが社会保険料。雇用されている時は会社が整理してくれるのであまり意識していないのと、会社負担分は実質、目に入らないところが落とし穴です。

法人化し、会社を経営して自分自身の報酬に応じてかかってくる社会保険料は、会社負担分と自己負担分を合わせると毎月かなりの額になります。たとえば月額の役員報酬を30万円と設定した場合の社会保険料は、会社負担・自己負担それぞ

れ4万5000円ほど。つまり合算で9万円、**360万円の年収に対して、年間110万円もの社会保険料がかかるのです。**

そして**売上が1000万円以上になると、10％の消費税の支払いが発生します。**起業から3年間は免税対象となりますが、うっかり手元の預金残高をギリギリにしていると、納税額に打ちのめされることになりかねません。

事業継続の可能性を高めるために、企業経営そのものには関心の高くなかった私のような人間でも、経理関係の情報はアンテナを張って収集に務め、毎年改善を重ねています。

ポイント

①法人化は社会的信用を得やすいが、そのぶん経費や手間は増える
②社会保険料、消費税などの課税額は予想外に大きいので要注意
③法人化のタイミングはメリット・デメリットを見定めて専門家にも相談しよう

第2章

「使える資源」をフル活用すれば、開業資金は圧倒的に下がります

自分の「有利条件」「不利条件」とは？

こんな本を書いている私が言うのもなんですが、事業を始めるにあたって、「ノウハウ」は参考程度と思っておいたほうがいいでしょう。事業をおこなう主体である事業主が置かれた状況は十人十色。いくつかの条件が違うだけで、事業の始め方や進め方は大きく異なってくるからです。

たとえば、私が国立市を中心におこなっている農サービス事業は、「国立市の周辺地域で」「小野淳が」おこなうから、こういう形になっています。他の地域で別の人が始めるなら、まったく別のアイデアが百出し、私のものとは大きく違った個性を持つ事業になるはずです。

私が東京や近県の都市農業について情報発信をおこなっている関係から、就農のノウハウを訊かれることもあります。なかでも多いのが「新規就農するには、どのくらいの準備資金が必要ですか？」という質問。ただ、これも「場合によります」としか答えようがありません。農業は、利用できる土地の条件、何を育てるのかなどの営農計画によって、かかるお金は千差万別。実際に、中古の農機や道具を数万円で揃えて始める人もいますし、金融機関から数千万円を借り入れて、最先端の農業用ハウスで大規模な生産を始める新規就農者も存在します。

不利条件を最小化するには？

食関係の起業も基本的には同じです。

とはいえ、本書のテーマである〝**プチ起業**〟**は、金銭的な負担をできるだけ少なく始めることも目標のひとつ。**このあとご紹介する実例でも、自宅を改装したり公的な助成金を活用したりして、起業時の自己負担額を大幅に下げている人が目立ちます。

起業における金銭的負担、つまり開業資金を少なくするポイントは、自分の置かれている状況を客観的に見つめること。そして、その中から起業に際して、有利に働きそうな条件／不利に働くであろう条件を、できるだけ冷静に判断し、整理することです。

有利に働きそうな条件とは、たとえば、

- **めざす食起業に必要な　技術／経験／ツール／アイデア／顧客　などをすでに持っている。**
- **起業する地域には、商品やサービスの対象となる潜在的な顧客が他地域より多くいる。**

など。逆に不利に働くであろう条件とは、

- **幼い子どもや介護の必要な親族などがいて、事業に割ける時間が限られている。**

・アイデアはあるが、それを事業化するための技術や経験がない。

といったものが挙げられます。

原則は、有利な条件は最大限活かし、不利な条件を最小化すること。最小化するには、**①不利条件を前提にした体制を組む、②不利条件を逆手に取る、**といった方法がありますが、時間や技術などの制約は、お金をかければ最小化できる場合もあります。金融機関や個人・団体からの借り入れも考え、最低限いくら必要なのかを見積りましょう。同時に、活用できる公的な助成金がないかも調べます。

初期投資を最小限におさえてリスク低く起業するコツは、**お金だけではない手持ちの「使える資源」を、できるだけフル活用することです。**

大きく「有形資源」と「無形資源」に分けて説明しましょう。

手持ち資源を「棚卸し」して「掘り起こす」〈有形資源〉

貯金

いつ現金収入が見込めるか？

貯金は、もちろん多ければ安心です。ただし **〝どこまで使えるか〟は必ず明確にして**おいてください。

準備した開業資金では足りず貯金から持ち出したり、見込んでいた利益が出ず生活資金として貯金を切り崩すケースは少なくありません。事業が軌道に乗るまで一定期間は赤字を覚悟することも必要ですが、**「見切りをつける分岐点」は、あら**

かじめ決めておくことが重要です。

ちなみに私自身が起業したときの貯金額は、200万円台。計画的な起業ではなかったからですが、かろうじて生活が成り立つだけの利益が見込める事業を受注できたタイミングで、起業に踏み切りました。

小売りやサービスの提供が、すぐ現金収入につながるなら、事業をスタートすれば収入が得られます。しかしビジネスの世界には、「掛け売り」のように入金のタイミングが遅い場合や、収入が発生するまでに一定期間を要することもあります。その可能性があるなら、ランニングコストを1・5倍など厳しめに見込んでおき、さらにパートやアルバイトなど副収入を得られる道を確保しましょう。

プチ起業は短期決戦型で

このパートやアルバイトを、できれば単なる副収入の手段ではなく、自身の事業

のために業界を勉強する機会にできるといいのです。

飲食店や小売店、製造業や流通業など、仕事をしながら実情を学べる場はいろいろあります。「お金をもらいながら勉強している」という意識を持てば、より価値のある時間になるでしょう。

気を付けなければいけないのは、「3年くらいは貯金で何とかなる」などと、ゆったり構えてしまうこと。**小さな起業の最大の強みはフットワークです。利益が生まれるまでの期間はあまり長く見積もらず、1年程度で軌道修正し、利益率の高い事業にシフトするくらいの柔軟さが必要です。**

むしろ貯金に頼らず、1年で結果を出すつもりで集中して挑むほうが、スリムで無駄なく持続性の高い事業になる可能性があります。

いずれにせよ、起業に備えた貯金に「○円あれば安心」という保険的要素も、逆に「○円なければ危ない」ということもありません。開業資金もバックアップの貯金額も自分で決めるのが起業です。

そして大事なのが、「20××年までに300万円」というように、**起業に必要な資金と貯金を合わせた目標金額と期限を定めること。挑戦するタイミングを見失わず、起業に踏み切りやすくなります。**

ポイント

①起業に備えた貯金額は人それぞれ。開業資金も貯金額も自分で決めるのが起業

②貯金に頼らず、1年で結果が出なければ軌道修正する柔軟さを持とう

③副収入を得るためのアルバイトは、事業のための勉強の機会にする

自宅

自宅兼オフィスにはメリット

起業と同時に仕事用のオフィスを立派に構える必要はありません。
新型コロナ対策で在宅でのリモートワークが日常化し、ＩＴ系を中心に都心のオフィス自体をなくす企業も増えています。**プチ起業も、自宅の一室や一部を改装して、副業や新規事業のオフィスとして稼働させる人が大多数です。**

28ページでも触れましたが、自宅をオフィスにした場合、その家賃や水道光熱費の一部を、自分が代表を務める法人もしくは個人事業主として支払うことができます。利益が出る事業となった際には、家賃や水道光熱費を経費として処理できるので、節税になるのです。

自宅に食品加工場を作る例も増えています。１６８ページでご紹介する新庄さんは、玄関脇の部屋のクロゼットをシンクに改造。こうして水回りをうまく引き込める場所を改装すれば、施工費用を抑えることができます。

仕事と〝私事〟をあえて分けない

自宅に仕事場を作るとなると、家族との空間共有が難しい、公私の空間をちゃんと分けたい、という人もいます。そういう場合は、シェアオフィスや自宅を含めた複数の場所に仕事の拠点を作り、都合に合わせて場所を変えてはどうでしょう。私の知り合いには、キャンピングカーをオフィスにして〝ワーケーション〟を楽しんでいる人もいます。さまざまな現場を移動しながら事務作業もできて一石二鳥だそうです。

そもそもプチ起業は、自分の「好きなこと」や「やりたいこと」から始まる仕事です。**ライフスタイルと密接にからむことも多く、場合によっては、仕事とプライベートを分けないほうがやりやすいケースもあります。**事業所やオフィスのあり方も、より柔軟に考えてみましょう。

ポイント

①プチ起業は、自宅を事業所としてはじめる人が大半

②自宅オフィスは初期投資の削減、節税になる

③ライフスタイルを組み立て直すチャンスにも

備品、道具

「買う」は最低限に

起業に必要な設備や道具類は、まず**身のまわりに使える物品がないかを探す**ことから始めましょう。代わりになるものを最大限活かして、初期投資を可能なかぎり抑えるのです。

私が起業して新しく購入したのは、中古の軽トラック１台と、中古家具店で見つけた格安の事務用椅子１つ。そのほかの備品は借りたりもらったりして、しばらくはしのいだものです。

とはいえ、最初にケチらないほうがいいものもあります。食の起業なら調理道具など、**日常的にメインで使うものは、耐久性や使用性が生産性に直結するので、妥協せず良いものを選ぶべきです。**

ただ、たとえば実家で長年使っていた道具などには、古いけれど使い勝手の良いものもあります。かつて大活躍していたものが実家に眠っていることはよくあるので、新品を買う前に、ぜひ確認してみましょう。

起業前からネットワークづくり

もうひとつ試したいのが、**周囲に声をかけることです。**

引っ越しや実家の整理、また最近は飲食店の廃業も増えました。こうした時には処分しなければならない備品がたくさん出ますが、廃棄に費用がかかるものもあるし、**モノが良ければ必要な人に使ってほしいと思うものです。**つなげれば双方から喜ばれますから、「そういえば親戚に…」とか「知り合いの会社が…」とか、多くの人が情報提供に協力してくれます。

私もこうした備品に助けられました。起業初期には、廃業や改装、移転などの話を聞くと軽トラで駆けつけ、お手伝いがてら**（ただもらうのではなく、お手伝いすることはとても大事です）**不要なもので使えるものはしっかりいただいて帰ったものです。**買えば30万円ほどする業務用冷蔵庫を運搬費だけで引き取れたり、事業所の整理で不要になった最新型のエアコンを廉価で買い取ったこともあります。**

私の事業には農体験サービスもあり、このときは古民具が活躍します。たとえば餅つきに使う杵と臼、稲を脱穀する足ふみ脱穀機、籾殻を風で吹き飛ばす唐箕（とうみ）などです。農家の納屋などに眠っていたり、インターネットのオークションサイトに出品されたりしているものを探します。

エンジン付きの農作業機械も、新品に買い替えるタイミングで中古品が出品されることがよくありますが、状態はピンキリなので詳しい人に相談するのがお勧め。私は機械系が本当に苦手なので、不要な耕うん機などをいただいたら、知り合いの自動車修理屋さんに見てもらい、修理するか廃棄するか判断しています。

有用な情報をくれる人々とのつながりは、〈無形資源〉のひとつ。これは事業の成否にかかわることもある重要な資源です。起業しようと決めて、「こうした備品が必要なので協力お願いします」と周囲に声がけすることから、ネットワークという〈無形資源〉を創る作業が始まります。

ポイント

① 新品は買わず、代わりになるものを身近に探す
② ただし、事業のメインツールはケチらず良いものを入手
③ あちこちに声をかけ、起業前に情報ネットワークをつくる

事業にとって、時にお金より大事な資源〈無形資源〉

立地

自分の生活圏との距離も考える

小さな起業では、「どこで始めるか」が意外に重要です。たとえば生活圏から遠いところで始めた場合、一人ですべてをこなすことの多い立ち上げ期に、思わぬコストがかかることもあります。

さらに、人の流れや事業所が多く、交通アクセスも良い好立地は、当然ですが家賃や駐車場代が高くなります。好立地には〝場所の顧客〟がついていることも多く、それは利点ですが、先行する事業者（ライバル）も多くなります。

もし、好立地に見えるのに先行事業者がいなかったり、撤退していたりしたら、その理由を確かめたほうがいいと思います。店舗を開いて商売する時には、まず立地の良し悪しを検討するでしょう。プチ起業でいきなりリアル店舗を開くケースは少ないと思いますが、キッチンカーの出店や、委託販売の棚を確保するような場合も要注意です。

起業初期にマルシェへの出店のお誘いをいただき、誰もが知る都心の有名商業施設内の広場で、ジャムとピクルスを販売したことがあります。その日はクリスマスイブで、しかも祝日。おおぜいのお客さんを見込んで商品を大量に準備して臨みました。すべて売り切り、帰りは家族でおいしいものでも食べようとやる気満々でしたが、結果は大敗北。廉価なファミリーレストランに立ち寄り、とぼとぼと帰りました。

立地の特性をとことん分析する

なぜ売れなかったのか。

理由はいくつかあると思いますが、第一に「その場所はもともと人通りが少なく、商業的に課題があるからマルシェが企画された」こと、そして「**売れている出店者には固定ファンがいて、集まったお客は目当ての商品だけに関心があった**」ことだと思います。

地場産の野菜や果物の味を活かしたうちの商品は、食べれば価値を感じてもらえる自信はあったのですが、イブで華やいだ都心の商業施設ではあっけなく埋もれてしまいました。マルシェは長くても数日なのでダメージは少なかったですが、「**立地はそれ自体が大きな資源である」ことと、たとえ立地が良くても「自分が売ろうとしているものと、場所や客層の特性がズレていると効果はない」ことを学びました。**

事業を始める立地の特性を理解すること、そして自分自身のアクセスの良さも考慮に入れること。まずは自身の生活圏の近くで探し、試験的に小さく始めて立地の可能性を見定めることをお勧めします。

ポイント

① 一人起業の立地は最初、なるべく生活圏の近くがよい

② 立地の特性が自分が売ろうとするものと合っていることが大事

顧客

友人・知人とは「節度ある距離感」で

仕入れ先や売り先、借りる土地や物件のオーナーなど、事業にはたくさんの人との関わりがあります。とくに**小さな商売は、人間関係こそが最大の資源**と言っても過言ではないと思います。

プチ起業では、初期のお客さまの多くは自分と関係性を持つ人たちです。個人的に親しい人や、これまでの仕事で信頼関係を築いた人など、「人間関係の財産」を持っていることはとても強みになります。

まだ商品やサービス内容が固まっていない起業当初は、ＧＩＶＥの姿勢が重要です。関係性のある人たちに「モニター調査」への協力をお願いしてみましょう。満足度の高いサービスを廉価で提供したり、試供品を渡して使ってもらうのです。お世話になった人たちに「これからもよろしくお願いします」という姿勢で、まずは自分の事業を気持ちよく試していただきましょう。気に入ってもらえれば、長く続く新しい関係性が始まります。

ここで間違ってはいけないことがあります。

これまで友人として親しかった人とも仕事や商売で関わるときには、それまでの付き合いとは一線を引き、プロとしてのふるまいが必要になることです。そこが曖昧だったせいで、育んできた人間関係が起業を境に壊れたという残念なケースもあります。
集客などの支援が必要な場合に、まずは近しい人間関係に頼るのは悪いことではありません。ただ、それを何度もくり返せば関係はぎこちなくなります。そんなつもりはなくても、いつの間にか「商売に利用する・される」という関係が固定化してしまうからです。

損得なしの関係でいたいなら、告知はしても、催促やしつこい念押しはくれぐれも控えることです。そして相手は気が向いたときなどに時々、告知をSNSで拡散したり、知人を紹介したりして応援してくれる。友人・知人とは、このくらいの距離感が一番心地よいと思います。

スタート当初は〝やせ我慢〟も大事

集客や告知には支援を頼めても、その後の事業継続は、リピートされる商品力やサービス力がすべて。**とくに立ち上げ期は、初対面のお客さまへの対応ひとつひとつ**

が真剣勝負と思いましょう。ここに120%の力を注いで提供することで、新しい顧客が定着していきます。

そして、**指摘された不備や改善点はなるべく早く修正します。**

単純に「おいしかった」「楽しかった」という感想以外の苦言を呈するのは、相手には勇気のいることです。それをスルーせず、すぐ改善する姿勢を見せることはとても重要です。

「○○さんにアドバイスいただいたことを元にこうしてみました。ありがとうございます」このひと言があると、その人は自分が単なるお客ではなく、ともに商品を作ったという〝共犯関係〟を感じやすくなります。気持ちの距離が一気に縮まり、強力な応援団となってくれるかもしれません。

最初はサービス過剰で、やせ我慢するくらいがちょうどいいと、私は思っています。相手が「そこまでしてくれなくても…」と戸惑うくらいの過剰サービスから始めて、だんだん、ちょうどいい内容に整ってくるイメージです。

私も最初は、あの手この手で顧客満足度を上げようとコンテンツを詰め込みすぎて、時間的にも金銭的にも四苦八苦していました。でも**4、5年経つころには勘どころがわかってきて、余計な力をかけずに利益を確保し、お客さまの満足度も下げないポイントが見えてきたのです。**ありがたいことに無数のリピートをいただき、それに支えられて10年以上を歩んできました。

10年前、私が始めた貸し農園サービスの最初のお客さまとなってくれた人たちの中には、個人的な関係を含めて今も続いている人が少なくないですし、仕事のパートナーになった人もいます。そういう宝物を「使える資源」と表現するのは少々不遜でしょう。**むしろ私自身や私の事業が、顧客にとって「気軽に使える資源」であることが、よい関係を保てている秘訣かもしれません。**

ポイント

- ① 最初の顧客候補である友人・知人へは、GIVEの姿勢で
- ② 立ち上げ期はサービス過剰、やせ我慢くらいでちょうどいい
- ③ 4、5年で、利益と顧客満足を得る勘どころがわかってくる

事業パートナー

家族で起業するメリットとデメリット

夫婦で、あるいは長い付き合いの友人同士、タイミングよく方向性が合った相手と共同で起業することも多いものです。

夫婦の場合、夫が営業で妻が経理事務とか、妻が営業販売で夫が製造などと役割を分担した家族経営もあります。自宅を事業所にすれば生活にかかる経費が分散でき、コスト面でも合理的です。

ただし、夫婦や友人同士で起業する場合、〝共同経営〟という形は避けたほうが無難です。

なぜかというと、**経営において、最終的な責任者は1人にすべきだからです。**

いくら客観的情報をあつめて議論を重ねても、**最終決断には、責任者による思い込みや思い付きを含む「覚悟」が必要なのです。**その時にパートナーの反対意見や異論を取り入れて、どっちつかずの判断をしたり、判断そのものに時間がかかってしまうようでは、小さな起業の「とんがったフットワークの軽さ」が失われてしまいます。**チャンスと感じたら、たとえ客観的には無謀に見えても、すぐにチャレンジできるのが小さな起業の最大の強みだと私は思います。**

責任者は1人にする

ちなみに我が家の場合、夫婦別々に起業しており、仕事上の関係は「取引相手」です。

経営判断における主従を、人間関係の主従と切り離すのは意外に難しいものです。だから私と妻の関係においては「どちらも主であり、互いの事業に口出しはしない」が大前提。ひんぱんに情報交換しますし、まるごとお願いする業務委託もしょっちゅう発生する状態で、取引先としての関係性は良好です。

だから友人同士での起業でも、設立時に出資金を50％ずつ出し合って対等な共同代表でスタートするやり方は、あまりお勧めできません。これで破綻した例もいくつか見聞きします。

最終責任者はどちらかに決め、そのパートナーは、意見はしても、最後は責任者の判断にスッパリ委ねる態度が不可欠です。友人同士、家族関係を事業パートナーする起業でうまくいっているケースは、トップより、むしろそれを支えるメンバーが調整役を担いながら、トップを立てていることに勝因があるのだと思います。

ポイント

①経営における最終責任者は1人にする
②夫婦や友人同士の共同経営は避ける

外注先

「外注」は人付き合いのひとつ

事業を始めようとすると、想像以上にいろんな外注先が必要なことに気づきます。加工場を作るにもホームページを制作するにも、プロの力を借りたほうが結果的に有益なことが多いし、会社を設立するなら法務局への登記で司法書士、税務申告で税理士のお世話になることもあるでしょう。

そうした費用は、まとまるとけっこう大きな支出になります。専門的な内容は良し悪しの判断がむずかしいので、結局、少しでも経費を抑えるために、インターネットの無料見積もりで安いところに依頼しがちです。

けれど、とくに地域に密着した事業で起業するなら、安さという観点だけで業者を選定することは、やめたほうがいいでしょう。

インターネットで営業している見積金額の安い業者は、利益を確保するため、短期間に多くの現場をまわそうとします。とくに1回かぎりの付き合いのお客に対しては、アフターケアの削減を含めて、あらゆるところでコストを下げようとします。

しかし事業に必要なのは、立ち上げ時の設備投資だけでなく、初期不良が起きた時の交換、メンテナンス、改装、そしていつかやってくるかもしれない撤退時の費用までを見越すこと。そう考えると、**最初から長い関係性を築くことが前提の地元業者とつながるほうが、得策**ということも多くなります。

地元業者は顧客にもなる

地元に密着して商売をする業者は、ただの安さより、施工後の仕上がりやアフターケアの丁寧さなどで評価されます。下手な仕事をして地元で悪評が立っては不利ですから、アフターケアは無償で対応してくれることも少なくありません。

もうひとつ見逃せないのが、**地元で長年商売をしている業者は、地域や住民たちをよく知っている**ことです。信頼できる業者とつながったら、ほかの分野の業者についても相談して、地域で紹介してもらうと確実でしょう。

また、時には業者自身やその家族、従業員などが自分の商売の顧客になってくれたり、宣伝を手伝ってくれることもあります。

私自身は**地元の商工会**青年部に加入し、そこでずいぶん助けられました。商工会とは、商工会法で定められた市町村単位の商工業者の互助組織です。行政とも連携して、中小零細事業をサポートするさまざまなプログラムをおこなっており、経営相談や税理士・行政書士などによる無料相談会なども実施しています。市や特別区単位で作られる**商工会議所**が、こうした業務をおこなっている地域もあります。

商工会青年部は、商工会に加盟している事業所の若手後継者（20～45歳くらい）の団体で、多くの自治体で産業祭や花火大会などの運営にあたっています。私は起業前から、前職の農業法人の地元であった国立市商工会青年部員として、地域のお祭りやイベントなどの運営スタッフをしていました。

この組織がとてもいいのは、**地域に根ざした同年代のさまざまな事業者と「友達」になれる**ところ。お祭りではいっしょに屋台を出して焼きそばを売り、終われば懇親会で酒を酌み交わし、まさに学生時代の友達のような関係が作れるのです。

地域貢献で「友達の輪」を広げる

とくに都市の商工会青年部には、実にさまざまな職種・業種の若手が所属しています。工務店、水道、設備、金属加工、飲食、保険代理店、不動産、自動車販売、広告デザイン、税理士、行政書士、司法書士、弁護士もいます。

こうした人々に、友達同士の感覚で仕事の相談もできるわけです。**独立して会社を設立する時、事業所を拡大する時、折々でこのネットワークを使うことで、ほぼすべての外注業務を依頼できました。**

こちらが依頼するだけでなく、彼らもことあるごとに私の会社のサービスを利用し、宣伝してくれるので、まさにWin-Winの関係が築けています。

ただし、こうした**地域ネットワークを築くには、先行してＧＩＶＥの姿勢が必要です。**いろいろな行事のスタッフや組織の役員を引き受けながら信頼関係を培うことで、活用できるネットワークができていきます。

ボランティアではありますが、**地域に根ざした事業を息長く続けていこうとするなら、商工会や商店会、町内会などの地域コミュニティに参加して、積極的に活動することはとても有効でしょう。**外注先の評判、有望な物件、使える助成金の情報など、参加しなければ得られなかったような情報がたくさん入ってきます。

とはいえ、いくら親しい関係でも、仕事の質や内容では大きく妥協すべきではありません。自分の事業にとって大事な部分では、違うと思ったら別業者を探すシビアさも必要です。信頼関係のできている相手なら、足らないと思う部分を指摘して、より良い仕事をしてもらえるよう働きかけることも互いのためです。そうすることで以前より絆が深まり、同じ地域の事業者として、いざというときにも支え合える関係になれることもあります。

ポイント

① 地域密着の事業なら、地元の事業者を外注先にする
② 地域をよく知る良い事業者とつながること
③ 商工会、商工会議所、町内会などの組織を活用しよう

自宅以外に仕事場を持つメリット

仕事場もシェアリングできる

最初は自宅という有形資源を活用して、オフィスや仕事場を自宅の中に作ってスタートすれば、初期費用を大きく削減することができます。

ただ、自宅オフィスはどうしても公私の境目が曖昧になるし、**何より、自宅にこもりがちになり、社会との接点や他者からもらえる刺激が減ってしまうという目に見えないデメリットもあります。**

自宅の広さ、事業の性質や自身の性格、事情をトータルに考えた結果、「あえて自宅外に仕事場を持つ」という選択もあっていいと思います。

近年、「**シェアリングエコノミー**」という言葉が注目されています。

民泊の普及を後押しした「airbnb」（エアビーアンドビー）、有休スペースを有効活用する「スペースマーケット」「軒先」、また、メルカリなどのフリマサイトはモノのシェア、クラウドファンディングはお金のシェアと考えることもできます。インターネットを介して予約システムなどの工程が簡単になったことで急成長し、２０２０年のシェアリングエコノミーの市場規模は2兆円を超えたそうです。

各地に広がっているシェアオフィスやコワーキングスペースもそのひとつ。自宅外に賃貸物件を確保するより割安に、さまざまな場所をオフィスや事業所として活用できる時代になっています。

シェアオフィス～情報収集、気持ちの切り替えの場としても～

都市部に多いシェアオフィス、コワーキングスペースには、いろいろなニーズに応えられる多様な形態の施設があります。多くは無料のWi-Fiや電源付きの共有デスクがあり、共有のコピー機やプリンター、ロッカー、会議室や打ち合わせスペースなどを提供しています。

最初に登録が必要な施設が多く、**シェアオフィスには会社登記の住所として使えるところもあります。**一方、コワーキングスペースはもう少し緩い感覚で、登録さえすれば、安めのところで1時間1000円程度でいつでも利用できます。ただ、人気の施設は使いたいときに空席がないこともあり、そういう施設で専用席を確保するには、月単位契約などが無難。安いところなら月額1万円台で契約できます。

現在、起業支援は国策でもあり、**最近は行政や大学などがシェアオフィスやコワーキングスペースを設置した「インキュベーション施設」を整えることも増えてきました。**こちらは地方都市にも多いことが魅力です。民間と同様、登録すればWi-Fiや時間貸しデスクなどを利用できるほか、**起業準備中の人たちの交流会やセミナーなども開催されています。共有スペースに起業関係の参考書籍がそろい、相談員がいるところもあります。**

民間・公立を問わず、シェアオフィスやコワーキングスペースの定期利用者には、同じように小さな起業やスタートアップで頑張っている人たちが多く、刺激をもらえるのも長所のひとつ。一方で実際、長時間本格的に利用するとなると、オープンスペースでは電話やオンライン会議がしづらいという声もあり、できる作業は限定的といえるかもしれません。

日常的な情報収集やモチベーションアップ、気持ちの切り替えの場として、うまく使いこなせるといいでしょう。

シェアキッチン ～タイプによって使い分ける～

シェアキッチンの多くは、パーティーや料理教室などを開きたいというニーズに応えて、厨房や調理器具を備えたスペースを時間で貸し出す〝場所貸し〟がメインです。でも最近では、**「製造許可がとれる」ことを売り文句にするシェアキッチンも増えてきました。**

「製造許可がとれる」にも大きく2種類あります。「シェアキッチン名義で製造許可が取れる」ものと「自分名義で製造許可が取れる」もので、後者は、**作り手ごとに保健所の許可を取ることで、自分名義の製造ラベルを製品に貼ることができる**のが特徴です。150ページで紹介している「おへそキッチン」も後者のタイプのシェアキッチンです。シェアキッチンの利用料は、月20時間以内のコースで月額2万円前後〜が目安。ほかに登録料や共益費がかかります。

もうひとつ、以前からある方法ですが、営業時間外の飲食店の厨房を有償で使わせてもらう手もあります。

ただし、使い勝手が自分の用途に合う厨房を選ぶこと、飲食店の仕込みに差し支えないよう気遣うことも必要。調理器具や食器、調味料、洗剤、水道や電気などを共有することもあり、ちょっとした使い方や認識の違いがトラブルに発展しかねないので、最初にルールを決めておくことが大事です。

食のプチ起業の強い味方であるシェアキッチンにも短所はあります。**食中毒などが発生した場合、すべての利用者が営業を中断せざるを得ないかもしれないことです。**

結果的に自分が原因ではなかったとしても、保健所から疑いがかかった時点で営業に支障が生じるかもしれません。

運営側も、不特定多数の人の出入りを禁じたり、消毒すべきもののルール徹底をしていますが、**コスト削減の一方で、シェアにはそうしたリスクもある**ことは認識しておいたほうがいいでしょう。

賃貸物件 ～アパートや事業所の一部を借りる～

少し郊外にある格安のアパートの部屋を借りて仕事場にする人もいます。

事務所や事業所用の物件だけでなく、賃貸住宅物件も「事務所利用不可」の条件がなければ認められる可能性があります。大学のある街などには、**昭和時代の風呂なしアパートのようなレトロ物件が残っていて、大家さん次第で改装が可能なものも。**１５６ページでご紹介する「アトリエこと」は、そうした物件に最小限の改装を加えて製造許可をとり、加工場としました。

元飲食店だった物件を居抜きで借りて、加工場にする方法もあります。食品衛生法などの要件はクリアしているはずなので、改装のコストが安く済むメリットもあります。

条件の良い居抜き物件や改装可能な古いアパート物件の情報を得るには、**その地域に強い不動産業者**に頼んでおくといいでしょう。また**地域の商工会には、廃業を予定している小さな飲食店など、事業承継の情報が集まりやすくなっています。**さまざまなところにアンテナを張っておくと、出合える確率が高まります。

ただ居抜き物件は、厨房の器具や空調、水まわりが使えるかをきちんと確認しないと、修繕費や廃棄費用がかさむことも。直接取引せず、不動産業者や事業承継をサポートする公的な団体などに仲介してもらうほうが無難でしょう。

オフィスの〝私的シェア〟という選択

事業者仲間とタイミングが合えば、**1つの物件をシェアする**ことを検討してみてもいいかもしれません。

「おへそキッチン」は当初、駅近の事業所用賃貸物件を別の事業所と共同で借りてコストを下げました。フロアを間仕切りで区切り、キッチン部分だけを「おへそキッチン」として保健所の許可を取得。キッチン以外は別の事業者が、レーザーカッターなどを置いて「ものづくりができるシェアオフィス」として使い、家賃を2者でシェアしたのです。

このケースは、ものづくり用のシェアオフィスとシェアキッチンという、**互いに親和性のある事業だったこともあって、同居が可能でした。**

相手の事業内容を互いによく理解したうえで、**同居がストレスにならず、むしろ**

メリットを感じるようなら、物件シェアは事業の発展途上でお勧めできます。

やがてシェアオフィスのほうが移転し、全フロアを「おへそキッチン」で利用することになりました。こうした柔軟性を持てるかどうかも、大家さんやシェアする相手との円滑なコミュニケーションにかかっています。

ポイント

① シェアオフィス、コワーキングスペースは起業家仲間から刺激をもらえる
② 「自分の屋号で製造許可がとれる」シェアキッチンもある
③ 親和性の高い事業同士ならオフィスをシェアすることも可能

第3章

「資金調達」で事業計画をみがきましょう

プチ起業に向いた身近な融資、出資とは？

借金をやみくもに恐れない

起業のための資金を準備することを「資金調達」といいます。

第2章で〈有形資源〉の筆頭にあげた「貯金」は、①**自己資金を貯める**、という資金調達の方法のひとつ。ほかに、②**金融機関から融資を受ける**、③**投資家から出資を受ける**、④**公的な補助金や助成金を利用する**、⑤**親族などから借りる（出資してもらう）**、そして最近では、⑥**クラウドファンディングで不特定多数の人々から資金を集める**、という方法もあります。

小さく始める食農プチ起業は、初期投資が数万～数十万円ということも多く、

①の自己資金だけでまかなえることが多いでしょう。でも、加工機械やキッチンカーを買う、リアル店舗を構えるなどでは、自己資金では足りず、他の方法でお金を調達しなければならない場合もあります。

それでも、初期投資に必要な数百万円を貯めてから、あくまでも自己資金で始める堅実な人も少なくありません。たしかに、経営が安定しない創業時にはとくに借入金はないほうが安心です。**ただ貯蓄を優先するあまり、起業の最適なタイミングを逃してしまうのは本末転倒です。**

他者から融資や出資を受ける資金調達には、自分自身の覚悟にカツを入れるという意味で、良い面もあります。融資や出資のプロを納得させる事業計画書をつくり上げるには、リサーチを重ね、熟考し、自分の事業を隅々まで設計する必要があります。その事業計画書をたずさえて支援を依頼すること自体が、起業の実現性を高めてくれるのです。

事業で新しいことを始めるための借金を、やみくもに恐れることはありません。

安定低空飛行を続けられる経営体質をつくるため、ぜひ、金融機関をうまく使いこなしましょう。

金融機関は〝優秀な人材〟

小さな起業にも向き合ってくれる金融機関は、民間では**地域の信用金庫など**、公的機関では、中小・零細企業の支援や創業支援も役割のひとつである**日本政策金融公庫**です。

創業支援に力を入れるこうした金融機関なら、事業計画が認められれば、プチ起業でも200～300万円は融資してもらえます。**とくに日本政策金融公庫は、年1～3％程度の低金利で創業の大きなバックアップになってくれます。**

しかし200～300万円の資金は、順調に売上を確保できなければ1年も経たず底をつきます。一度でも返済が滞ると、次に借り入れが必要になった時のハードルが大きく上がりますから、借入限度ギリギリではなく、確実に返済できる金額を借りるようにしましょう。

借金に抵抗のある人は少なくないと思います。私もそうでした。**でも金融機関というところは、一度も借り入れのない事業者より、借りて計画通り返済した事業者を評価するのです。**たとえば、お付き合いで地元の信金から50万円程度を借り、きちんと返済した「実績」を作ると、金融機関からの信用度はグンと上がります。すると本当に借りたい局面でスムーズに融資が受けられやすくなり、金融機関の担当者と懇意になれば、コロナ対策の政策的な融資などについても気軽に相談できたりします。

金融機関は、お金を貸して事業を支援し、無事回収するのが仕事です。事業をできるかぎり適正に評価するために各方面から情報を集めていますし、さまざまな事業者とつながりを持ち、ときには事業者同士を引き合わせて互いを支援します。**一人で奮闘するプチ起業家にとって、ある意味たいへん得がたい〝人材〟なのです。**「便利に使わせていただく」気持ちで積極的にお付き合いしたほうが得策です。

クラウドファンディングで個人支援を得る

金融機関以上に抵抗を感じる人は多いかもしれませんが、**実は、親兄弟や親戚、事業に賛同してくれる友人・知人などに資金調達への協力を仰ぐことは、意外にオススメです。**

金融機関が融資を判断する基準は「事業への評価」ですが、縁故関係者からの融資や出資は、「自分という人物への評価」や「事業の意義への評価」が中心になります。だから、結果が出るまで長期間かかりそうとか、アイデアは抜群だがうまくいくかは不明、といった**金融機関から認めてもらいにくい事業にも、協力いただける可能性があります。**

事業のビジョン、解決しようとしている社会課題、その結果生まれる商品やサービスの存在意義などに賛同できれば、**損得抜きで協力しようという人は世の中に少な**

くないのです。「自分にはできないことを代わってやろうとしている」と感じた人が、思わぬ大口の支援をしてくれたという実例はあちこちにあります。

そうした個人からの支援を、透明性のあるかたちで受け取れるのがクラウドファンディングです。最近では、コロナ禍を受けて新事業に乗り出す農食分野の事業者が、クラウドファンディングを利用する例も増えてきました。**資金調達だけでなく、「新事業の宣伝」になり、返礼品で「新企画商品の人気度をはかる」といったモニター販売の機会にもなる**からです。

資金調達と事業の宣伝を兼ねられる

クラウドファンディングは、実施するサイトごとに得意とするジャンルや最低出資額、手数料（多くは達成額の10～20％）などの条件が異なります。食農関連では、老舗サイトの**CAMPFIRE**（キャンプファイヤー）、社会支援、災害支援的なプロジェクトの多い**READYFOR**（レディーフォー）、「応援購入」という言葉を生んだ**Makuake**（マクアケ）などの利用が目立ちます。

いずれも各サイトに登録して、専用ページから文章や写真などを入力してプロジェクトの紹介記事を作成。目標金額、締切、返礼品などのリターンを設定して公開するという流れです。公開前には必ずプロジェクトの内容についてサイトから審査を受けます。

クラウドファンディングには大きく「購入型」「寄付型」「金融型」があり、**食農関連で実施するのは商品を返礼品とした「購入型」がほとんど。**また募集方式は、目標金額を達成しなければすべてキャンセルになる「All-or-Nothing方式」と、目標金額にかかわらず集まったお金でプロジェクトを実施する「All-in方式」があります。**「○○をするのに必ず○円かかる」と決まっている特殊なケースを除き、後者のAll-in方式が一般的です。**

リターンにはさまざまな形があります。1000〜5000円くらいまでは、お礼状（サンクスレター）や報告書、メールマガジン、農業系では現地見学会や収穫体験会など、あまり経費のかからないもの。それ以上では、資金調達で完成する商品やサービスを組み合わせて、支援金額に見合った段階的な返礼品をつくっているようです。

最近は、わかりやすいマニュアルがダウンロードできたり、効果的な記事作成をレクチャーしてくれるサイトもあり、**クラウドファンディングのハードルは下がっています。世の中に向けて事業開始をお知らせする第一歩と考えて、挑戦するのもいいでしょう。**

クラウドファンディングの内面的な成果

私自身も何度かクラウドファンディングで資金調達をおこない、また同じくらい支援側にもまわっています。その経験から言うと、日本中から支援者を募るクラウドファンディングも実際、**ファウンダー（支援者）の多くは身内や知り合い、SNSでつながった人たち**で、まったくの赤の他人は数パーセントでした。

クラウドファンディングを始めると、たいていSNSで告知しますから、SNSのネットワーク内ではすぐに広まります。**クラウドファンディングという透明性の高い仕組みを使って、日常的に応援してくれる人々から数千円、数万円の小口の支援をいただく、というものに近いといえます。**

それでも、共感を得られる事業でなければ支援は集まりません。社会課題への取り組み、その人らしいアイデアの実践など、SNSという緩やかなネットワークでつながった人々が応援したくなる起業なら、クラウドファンディングはかなりの成果をあげることがあります。

そのために大事なのが、**筆まめさ。**SNSやブログなどで事業についての情報発信をこまめに続けていると、見ている人は〝支援する価値〟を実感しやすくなります。特別な能力もいりませんが、実際これを怠る人がけっこう多いのです。

事業の進捗について報告を続けることで、小さな支援から生まれた関係性を大事に育んでいけます。これが持続性の高い優良顧客の獲得につながることが意外に少なくありません。

他者に支援をお願いするとき、クラウドファンディングで広く支援を訴えるとき、または事業の進捗をＳＮＳなどで報告するとき。自分の事業に対する「ビジョン」を常に明確にし、それをさまざまな場面でわかりやすく伝えることが求められます。**あえて起業に他者を巻き込むことで、「覚悟を決める」「期限を区切る」のほかに、「自分のビジョンを明確にする」「それを他人にわかりやすく伝える」という副産物が生まれるのです。**

助成金・補助金は「政策との合致」に着目する

実は「創業支援」は、国の基本施策でもあります。

そのため助成金や補助金もいろいろあり、**なかでも女性や若者の起業、地方や商店街の活性化など、政府としてテコ入れしたいジャンルの助成は、とくに手厚くなっています。**

「おへそキッチン」は設立の際に**経済産業省の創業助成**を受け、追加の設備投資の際には、商工会が窓口となり**日本商工会議所が提供する「小規模事業者持続化補助金」**を利用しました。この補助金は法人が対象ですが、広報宣伝費や店舗改装、新規機械の導入などが補助対象となり、事業を広げたり業態を転換する時に活用できる補助金です。

２０１３年、私がＮＰＯ法人の前身となる団体を設立して農園事業を始めたときは、**農林水産省の都市農業振興の助成金**をもらいました。19年にゲストハウスをつくって地域観光事業に乗り出したときは、**農林水産省の「農泊推進事業」**の助成金を取得しています。いずれも「都市農業の振興」や「観光振興」という政策に合致した事業だったので、助成が採択されたのです。

助成金や補助金は年度ごとに生まれたり消えたり内容が変わったりするため、慣れないとなかなか情報を追いきれません。最近は助成金・補助金の情報を集めた「まとめサイト」がいくつか存在します。士業など専門家への相談や依頼を目的としたものが多いですが、検索は無料でできるサイトもあるので、活用しましょう。

助成金、補助金は毎年度、募集がおこなわれるものが大半です。次年度の募集に合わせて法人化を検討する、一緒に申請する事業者（商店街活性など複数団体での応募が要件のものもあります）を集める、といった準備期間も考えて、情報はこまめにチェックしておくことをお勧めします。

助成金や補助金をもらうには、**まず提供する側（行政）が、どの政策推進のために設置した助成金や補助金なのかを読み解く**ことが必要です。

そして、その政策の目的に合わせて事業の形を上手に組み立て、申請書を作り込むのです。

行政が提供する助成金のほかにも、公益財団などが提供する助成金も数多くあります。公益財団には大企業が社会貢献事業として設立しているものが多く、その場合は本業に関連する事業への助成に積極的です。

たとえば、建設系の財団なら「住まいを活かしたコミュニティづくり」、食品関係なら「食育」や「食を通した居場所づくり」などの事業を支援してくれる可能性が高くなります。基本は行政と同じで、提供する側が何を目的としているのかを読み解いて、合致するものを申請すれば採択されやすくなります。

ちなみに**企業系の助成金は、「○○財団の助成を受けて実施しています」と事業のなかで広報宣伝できることをアピール**したほうがいいでしょう。自社のウェブサイトやＳＮＳ発信などを充実させておくと、採択の可能性が上がります。

行政系であれ企業系であれ、申請書は、自分の思い入れだけを書き連ねて客観的な情報に乏しいものは通りません。**審査する側が知りたいのは、①事業内容が助成金の目的に即しているか、②実施体制や実現性に問題はないか。**この2つへの答えを端的に備えていることが絶対条件です。そのうえで自分の事業への情熱や人間性をどう盛り込めばいいか、実績のある人などからアドバイスをもらうと、採択率が高まると思います。

助成金・補助金を得るための書類作成は、かなりの精度を求められます。さらに申請書だけでなく、事前の見積準備、終了後の完了報告書も必要なため、事務手続きの量が膨大になることは覚悟しておきましょう。
こういった手続きを代行するコンサルタントなども存在しますが、私はあまりお勧めしません。返済の必要のない助成金・補助金はとても魅力的ですが、あくまでも自分が実現させたい事業と世の中のニーズとをすり合わせ、事業の実現性を高めるために活用するものです。**他人任せではなく自分自身でプレゼンテーションすることで、事業計画も覚悟も磨かれます。結果的に、そのほうが事業の実現性も持続性も高まるのです。**

ポイント

①「資金調達」に他者からの融資や支援を受けることで、覚悟と事業の実現性が高まる

②プチ起業支援に強い金融機関には、万一に備えて融資の「実績」を作っておくといい

③助成金・補助金は、提供側の「目的」に即すこと、実現性を示すことで採択率が高まる

第4章

「売る」とは、
かぎられた商品を
小さなマーケットへ
確実に届けること

自分のお客さまを徹底的に知ることからはじめる

商品やサービスの購入と販売は、この20年あまりで、どんどん手軽になっています。消費者の立場からすると、インターネットで検索すれば無数のサービスや商品があふれかえり、**選択肢が多すぎて、わずらわしささえ感じるほどです。**できるだけ「手軽で便利で」「安くていいもの」を選びたいと比較検討をはじめれば、本当に際限がなくなります。

皮肉なことに、**消費者が求めるものと販売者が提供するものの「幸せなマッチング」は、昔より難易度が増しているのではないでしょうか。**消費者は、買って後悔するのを避けたいと、メディアのレビューや利用者の評価コメントを探しまわります。販売側は、商品ラインナップの大海のなかで自分の商品が消費者の目に留まり、購入行動を起こしてもらえるよう、あの手この手で誘導する努力を迫られます。

昔も今も、商売の本質に変わりはありません。**世の中に必要とされているものを作って必要な人に提供し、期待を上まわる満足を感じてもらい、リピートしてもらうこと。**問題は、その段階までたどり着く道がわからないことで、そこに世の商売人たちは四苦八苦し、ヒントを提供するマーケティング手法やコンサルティングなどが生まれるわけです。

マーケティングについての書籍は山ほどあります。事業を始めるにあたって気になったものに目を通してみるといいでしょう。

私自身はマーケティングについて学んだことも、関連書籍もほとんど読んだことがありません。ただ、ＭＢＡ（経営学修士）を取得して小さく起業した複数の知人に、マーケティングについて教えを乞うたことがあります。すると「マーケティングは多くの人を説得するプレゼンなどでは役に立つが、実際には、やってみないとわからないことだらけだよ」という答えが返ってきました。

そこで、私がみなさんと考えたいのは、**「大量生産ではないかぎられた商品やサービスを、小さなマーケットへ向けて確実に提供する方法」**について。

これこそがプチ起業の「安定低空飛行」を維持するポイントだからです。

具体的な一人ひとりを満足させる「顧客体験」

まず、**小さな食農起業にとって「販売」は、単に商品そのものの価値を売ることではない**と言えます。

プチ起業で作られた食品が、消費者の感じる〝商品そのものの価値〟でスーパーやコンビニで売られている食品と勝負しようとしても、品質の安定度、価格、広告宣伝力において比較になりません。

むしろ必要なのは、同じ土俵で比較されないようにすることです。

そのためには、商品にまつわる「顧客体験」を作り上げることが有効です。つま

り一人一人のお客さまにとって、かけがえのない体験として商品やサービスを提供するのです。

食品なら単に「おいしい」だけでなく、**「こんなの初めて食べた！」という驚きが、かけがえのない体験になります。**それに加えて、作り手の人柄や生き方、考え方に共感し、応援したくなる「背景」があれば、その商品は顧客にとってのオンリーワンとなるのです。

事例でご紹介している「アトリエこと」（１５６ページ）と「The Shinjo」（１６８ページ）の商品は、いずれも焼き菓子ですが、初めて食べたお客さまの多くが「これが米ぬか!?」「これでグルテンフリー!?」と、いい意味で予想を裏切られる体験をします。この驚きに〝健康にいい〟〝アレルギー源にならない〟などの要素が加わって、ある層のお客さまにとって唯一無二の価値を持つ商品となりました。

この「顧客体験づくり」を都市農業で実現しようと、２０１０年に私が始めたのが「対面接客型の農体験サービス」です。

当時、市民農園や収穫体験農園はありましたが、そういう「畑を貸す」「フルーツを狩り、その場で食べる、お土産にする」というわかりやすい対価交換ではなく、「農的な空間で、その季節や環境ならではの多様な農体験をガイドする」というのが私の考えた農体験サービスでした。

対面接客はスタッフの拘束時間分の人件費がかかるため、サービスはどうしても高単価にならざるを得ません。「高くてもいいから充実した農体験をしたい」という消費者が都市部にポツポツとあらわれはじめたのが、ちょうど２０１０年頃だったのだと思います。

15組分の「顧客カルテ」がすべてのベース

現在、「農体験サービス」の基本はこんな感じです。

時間は約２時間、料金は大人ひとり５０００円くらいで、同時に5～20名ほどが参加します。一般の農体験サービスは食育などに関心の高い親子連れが多いですが、独身男女向けの「畑で婚活」や、外国人向けの畑ツアーもあります。

「農体験をガイドする」というサービスが収益を出せるようになった背景には、「体験型観光」を提供する代理店（のちに詳しく説明します）が複数生まれ、社会に定着してきたこともあります。そして私自身、これまで存在しなかったサービスの内容をどう構築するか、10年の試行錯誤を続けてきました。そうやって実績を積みながら、少しずつ顧客を広げていきました。

どんな商品やサービスにも共通しますが、**試行錯誤の基本姿勢は「具体的な一人の顧客を徹底的に満足させる」こと。**それができれば必ず、その人を通じて顧客は増えていきます。そういうパターンで顧客＝ファンを増やしていくと、売り先の幅は自然と広がっていきます。

最初に私がやったのは「顧客カルテ」づくりでした。

２０１０年に、当時としては高い月額１万円の会員制貸し農園を開設し、会員となってくださったのは15組（家族単位）。その１組１組の家族構成、職業、農園を利用する目的などの情報を記録し、会話する中で知ったエピソードなども加えた手作りのカルテです。

このカルテをもとに、１組ごとに異なるサービスを提案していきました。

たとえば、小学生のお子さんを持つご家族には、お子さんの誕生日に友達を招いて「畑でＢＢＱパーティー」。会社で家庭菜園のことをよく話すという人には、部下を招いて「畑で懇親会」。広告やメディア関係の仕事の人には撮影場所として畑を提供。**「この人は農園をどんなふうに利用できれば喜んでくれるか」を１組１組、考えて提案することで、サービスの幅と内容を深めていったのです。**

最初は時間と手間がかかるので、利益はわずかです。でも一度、満足いただければ再び同様の依頼が入るため、２回目からはサービスの質やコストのかけ方を大きく改善できます。やがて２、３年後には、個人や企業、団体から単発の依頼を受けるようになり、「畑で野菜を収穫して○○体験」という2〜4時間程度の農体験サービスの提供が、私の会社の本業となりました。

それらはすべて、最初の顧客である15組向けのサービスがベースとなっています。

正直なフィードバックは現場で汲み取る

10年間の試行錯誤の過程では、**具体的な個人（一人ひとりの顧客）とのコミュニケーションを通じて、自社のサービスへのフィードバックを汲み取ることに力を注ぎました。**これは商品でも同じだと思います。

フィードバックは、アンケートやインタビューという方法でも一定の情報は得られますが、そうしたものに回答するとき、人は無意識に取りつくろうことがあります。それに、意外と自分の反応に無自覚なことも多いものです。

だから私が注目するのは、現場でのお客さまの正直な反応です。ちょっとした仕草や態度を観察して、そこから満足度を推し量ることが大事だと思っています。

食の商品なら、目の前で試食してもらい、食べた時のリアクションをじっくり観察すること。また委託販売をしているなら、半日から一日、店番を手伝わせてもらう手もあります。売れ行きだけでなく、お客さまの視線などから、外観やパッケージ、ＰＯＰなどでこちらが伝えたい情報がお客さまに伝わっているかを推測できます。店側の了承を得て、商品の配置やＰＯＰの内容を少し変えて反応を見る方法もあります。

農体験のプログラムを組み立てるとき、私が意識していたのは、「バーでのバーテンダーと顧客のコミュニケーション」というイメージでした。

お酒好きの私にとって、バーは「リラックスしながら知らないお酒と出合って楽しむ場」であり、バーテンダーは「自分が知らないお酒の世界を、程よい距離感でガイドしてくれる人」。そういう私が心地よいと感じるバーテンダーは、こちらの気持ちにとても敏感で、お勧めのお酒をタイミングよく推してくれます。イマイチな反応をしたときの引き方も見事です。饒舌ではありませんが、私が以前飲んで好みだと思ったものを覚えていて、似たお酒を提案してくれたり、お酒にまつわるエピソードや新しい話題をさり気なく教えてくれます。

農体験サービスを利用するお客さまにとって、ガイドは、この「デキるバーテンダー」のような立ち位置がいいと考えました。

こういったホスピタリティ型のサービスは、定型定額のチェーン店のサービスと違って、不確実です。いつでもどんな顧客にもだいたい同じサービスで、高くはないが安定した満足感を得られるのがチェーン店型のサービス。一方のホスピタリティ型は、顧客、スタッフ、シチュエーションが変わればサービスも変わります。

安定を欠くことは大きなマーケットにおいてはマイナスポイントですが、信頼関係のある小さな空間では「サプライズ感」につながります。次の展開が楽しみとい

う大きなプラス要素にさえなります。だからこそ、信頼関係を築けている顧客との間では、新しい商品やサービスが生まれるし、新たな仕事につながっていくのです。

注意点をあげるとすれば、一人起業で仕事が広がってきた時は、ためらわず仕事の一部に外注を活用すること。

仕事はある時期、一気に増えることがあります。このとき「自分で何とかできる」と頑張って対応していると、商品やサービスに「慌ただしさ」が滲み、顧客満足度を下げかねません。

お客さまの満足度を維持できていれば、外注費をかけても、いずれ必ず収益性を上げることができます。

新陳代謝や変化をおそれないことがプチ起業の強み

ネット販売サイトは活用すべき

第6、7章のインタビューでご紹介している「プチ起業家」たちの多くも、自分の商品やサービスを宣伝・販売するのにインターネットの活用は大前提と捉えています。マルシェや店舗などでの対面販売、委託販売と並行して、**ネット販売は食のプチ起業において欠かせない販売方法です。**

ネット販売は、フリマアプリ「メルカリ」の登場で敷居が大きく下がりました。メルカリは、売りたい商品の写真を撮って価格を決め、アプリに登録してフォーマット化された商品ページに写真と情報をアップ。売れたら発送するだけで代金を受け取れるサービスです。

このように、登録さえすれば自分で簡単に物品の売買ができるインターネットのサービスが、近年どんどん生まれています。いずれのサービスも、消費者に対してクレジットカードやスマホのキャリア決済などさまざまな決済システムを提供し、出品・出店者には商品の代金を毎月まとめて銀行口座へ入金してくれます。

直販において大きなネックとなる決済のすべてを代行してくれて、かかるのは売価の10％前後の手数料だけという手軽さです。使わない手はありません。

おもに個人間の売買に使われるメルカリより、さらに本格的なネットショップを同様の手軽さで作れる「ＢＡＳＥ」（ベイス）のようなサービスも誕生しました。

私も、自分が監修・実演を務めた家庭菜園のノウハウＤＶＤをＢＡＳＥで販売したことがあるのですが、ショップ開設から在庫管理、注文してくれたお客さまとのメッセージのやり取り、決済まで、とてもスムーズでした。

とくに単価の高い商品を通信販売する時は、入金、入金確認、商品引き渡しのところでとても気を遣います。たとえ知り合い同士でも、あえてこういったサービスを介したほうが、とくに決済の面で互いに簡潔かつ気持ちよく取引できそうです。

これらのサイトは、いわば大きなショッピングモールのようなもの。サイト自体が大量の広告を打っていることもあって知名度は高く、とくに目的がなくてもショッピングモールへ遊びに行くように、定期的にサイト内を探索している利用者もいます。**出品・ショップ開設をしているだけで、消費者の目に留まる可能性があるのです。**

一方で、有名で大きなショッピングモールになるほど、ひとつひとつの商品やショップは多数のなかに埋もれてしまいます。**こうした場所でコアなファンとなってくれる顧客と出会える確率は、それほど高くありません。**

ターゲットを絞ったモールや代理店を活用する

では、どうすればいいのでしょう？

まずおこなうべきは、**あらゆるところで自分の商品・サービスの存在を告知し、販売サイトへ誘導するという地道でオーソドックスな手法です。**

最初の頃は、マルシェ出店や実店舗販売の機会を多く作り、出会ったお客さまにショップカードなどで販売サイトを案内します。また、FacebookやInstagram、文字を主体にしたいならTwitterやブログなどのツールを使って、記事をひんぱんにアップしましょう。内容は、商品の製作過程やサービスに関連した写真、エピソードなどで、関心のありそうな人たちが楽しめる短い記事にします。もちろん、ページには販売サイトのリンクを張っておきます。

もうひとつは、**自分の商品・サービスに合う〝ニッチな〟ショッピングモールや販売サイトに出品・出店することです。**

食品なら、たとえば「オーガニック」「アレルギーフリー」などのコンセプトに合った商品だけを集めた販売モールもあります。農畜水産物やその加工品に限定している「ポケットマルシェ」「食べチョク」などは産直ＥＣと呼ばれ、コロナ禍で需要・供給ともに大きく伸ばしました。

私が自社の農体験サービスを販売しているのは、対象を絞ったユニークな企画ツアーの販売サイトです。確実に売れるよう担当者が付き、企画内容や日程、リリースのタイミングなどの相談にも乗ってくれます。

たとえてみれば、一定のファンが付いているお店の棚に自分の商品が置かれて、店員がお客さまを見ながら商品を勧めてくれる感じです。商品はみんなお店のお墨付きだから、お客さまは安心して商品自体を検討できる。だから初めて売り出す商品でも、お試し購入してもらいやすいのです。

長年お付き合いしているのは、大手婚活会社の株式会社ＩＢＪと、学び体験プログラムを提供する「Gifte!」（ギフテ）です。

前者では２０１０年頃、「畑で婚活」というメニューを担当者とともに試行錯誤しながら作り上げました。いわゆる婚活パーティーですが、みんなで畑の野菜を収穫して野外料理を作るという内容で、当時は珍しさから人気企画に。毎月2回開催し、多いときで１００名以上が参加するメガ婚活パーティーを、都内の牧場の牛舎を貸し切って開催したこともありました。

やがて、遊園地コンやBBQコン、高尾山散策コンなど、屋外での婚活パーティーが数多く企画されるようになり、「畑で婚活」の参加者は年々減少していきました。そこで担当者と話し合い、参加者数が減っても持続できるよう、内容をシンプルにしてコストを大幅に下げることにしました。それまでは、季節ごとの収穫物を使った「餅つき」「恵方巻づくり」「流しそうめん」などの多彩な季節企画がウリでしたが、「春夏はピザ」「秋冬は焼き芋」とプログラムをしぼったのです。

すると「畑で季節の野菜ピザづくり」「焚火を囲んで焼き芋」という企画内容が定着して、むしろ集客が安定。さらに午前・午後の1日2回開催することで、仕入れや準備のコストも下げられました。

このように収益改善の手を打てたのは、やはりＩＢＪの担当者がいたおかげだと思います。

ヒットした商品やサービスも、ライバルの登場や市場の変化などで、売上の下降に直面する時が来ます。こういうとき、自分だけだと過去の成功体験に縛られてなかなか動けないのですが、担当者から集客、売上、利益率の変化を客観的な数値で示されると、目が覚めます。また、お客さまは主催者である私には言いづらい辛口の感想やクレームを、代理店のＩＢＪには伝えてくれるので、正しい改善ポイントがわかります。力の入れどころと抜きどころが具体的にわかるのです。

販売にあたる代理店は、一人プチ起業家には貴重な〝参謀〟です。広報や集客、集金、顧客管理をまるごとおまかせできるので、自分はサービスづくりに集中することができます。

ネットのショッピングモールや販売サイトで、商品やサービスを委託販売する場合、販売手数料は15～20％が相場。リアル店舗での委託販売もだいたい同様です。一方、委託販売でなく買取の場合、手数料はありませんが、お店が在庫リスクを負うため、卸値の交渉がシビアになります。

弊社の農体験サービスのように集客、集金、顧客対応まで代理店が引き受けてくれるものは、料金の４割程度の手数料が相場です。

外注費がかかってもメリットが大きいものは、一人起業家には必要経費と考えましょう。

プチ起業の強みは臨機応変さ

１つの商品が10年ものロングランヒットを続けることは、そうそうありません。新しい商品が次々と登場するなかで変わらぬ人気を保つには、努力だけでなく運も必要です。何十年も続いているひと握りの「老舗の味」ブランドは、見えないところで新たな挑戦を続けているだけでなく、それが運よく当たってきたのだといえます。

食農のプチ起業も同じです。周囲を見回せば、**常に新しい商品やサービスの開発にとり組み、世に出す努力を惜しまない人たちが、結果的に事業を長続きさせています。**

うちの夫婦の事業でいえば、妻の「おへそキッチン」が、もし当初のままジャムとピクルスの製造販売に専念していたら、現在のようにシェアキッチン事業で拡大することはなかったでしょう。

私の農事業も、初めは貸し農園が主体でしたが、7年後の現在、畑の収益は「農体験の提供とガイド」が担っています。また前述したように、都市農業にかんする取材や執筆、講演活動も増えていますし、NPOではゲストハウスや認定こども園の運営まで始めました。

周囲には「よくまあ、次々といろんなことに手を出すものだ」と呆れている人もいるでしょう。ひとつのことを突き詰めて実績を積んでいく職人型の仕事ではない、私のような事業の広げ方は、傍からは一貫性がなく見えることもあると思います。

しかし、**私にとっては「いろんなことに手を出す」ことこそが、事業を持続させる最大の燃料でもあるのです。**

それぞれの事業は、同じ地域を拠点としていますが、ターゲットは異なります。地元の人もいるので実際にはお客さまが被ることはありますが、客層はかなり違います。

ゲストハウスは外国人や都外の人が多く、こども園は地元の幼児、私の会社の農体験プログラムには東京近郊からさまざまな年代のお客さまがやってきます。コミュニティスペースとして貸し出している古民家や畑では、曜日ごとに、乳児から小学生、親子連れまで対象の異なる、いろいろな団体の子育て支援活動が開かれます。利用者は、農体験プログラムでゲストハウスを知ったり、古民家の子育て支援プログラムからこども園に入って来たりします。

利用者は1つの事業に参加することで、別のサービスやコミュニティ、そこの利用者たちとゆるい接点を持つことができます。興味があれば参加したり、利用者同士でNPOの新たなサービスを立ち上げることも可能です。NPOの趣旨に合った活動には支援を惜しみません。

お客さまや利用者たちにとって、私の会社やNPOの事業は、いろいろなコミュニティへと渡るための「ハブ」となっています。

このことで私は、**自分の事業の核は「地域コミュニティづくり」なのだと気づきました。**

自分の感じた面白さを他人に「伝えたくて」起業した私は、お客さまや利用者たちの声を聞いて、自身の興味の赴くまま、やれることに手を出していきました。それが「農的空間を使って地域にコミュニティを広げる」という、最初は考えもしなかった壮大なテーマにつながっていった。裏庭の遊具で夢中で遊んでいたら、いつの間にか巨大なテーマパークにいたみたいな感じです。

自分の好きなこと・得意なことで商品やサービスを生み出したプチ起業家は、一方で**新陳代謝を恐れず、お客さまのニーズを汲み取って柔軟に変化していくことが必要**なのだと実感します。

それが小さな起業の面白さであり、生き残る方法でもあるのです。

第5章

「食と農のプチ起業」のウィークポイントはこうして解消しよう

事業は大失敗さえしなければ続けられる

漠然とした不安は〝ミッション〟に変えよう

会社や組織に所属して、仕事上の役割をだいたいこなしていれば、毎月、決まった給与が支給されます。多少不満があってもサラリーマンが会社を辞めない最大の理由は、この安心感だと思います。

それにひきかえ**起業家は、常に知恵を絞って自分で動き、売上の立て方・経費の減らし方を四六時中考え、何とかして利益を確保しなければ「給与」は生まれません。**

だから、

「起業はしてみたいけれど、もし失敗したらどうしよう…」

という不安でいっぱいになり、一歩が踏み出せないのです

その不安は漠然としているだけに、とても大きく感じます。

会社や組織を離れたら「すがりつける柱がない」「寄りかかれる壁もない」「踏みしめる地面さえない」…まるで高い崖から命綱も付けずに飛び降りるみたいな気さえするかもしれません。

また家族や友人など、周囲の反対を押し切って始めたことが結果的にうまくいかなかったら、合わせる顔がない、恥ずかしさに耐えられない、と想像する人も少なくなさそうです。

私自身が起業した理由は、先述した通り、前職の経営者と意見が合わなくなり、実質クビになったことでした。

「ピンチをチャンスと捉えて起業した」という言い方もできますが、実際はかなり焦りました。しばらくは眠れないような不安にも襲われました。転職は2回していま

したが、組織に所属しない生き方をしたことがなかったからです。

それでも**不安にさいなまれていたのは1ヵ月程度で、まがりなりにも日常生活が戻ってきました。**前職から引き継いだ貸し農園の顧客たちにも、ずいぶん不安を与えてしまったと思いますが、結局、私の新会社に運営が切り替わったことで関係が切れてしまった顧客は、わずかで済みました。だからこそ事業を継続することができたのです。

私の起業は事業をゼロから起こしたわけではなく、会社に所属していた時に自分で起こした事業を、ほぼそのまま引き継いだ形でした。いま振り返れば、おかげで起業のハードルをかなり低く抑え、安全に起業できたと実感します。それでも起業には漠然とした不安を抱かずにはいられませんでした。

起業へ一歩踏み出すには、この〝漠然とした不安〟に形を与えることが必要だと思います。

「事業と顧客を引き継ぐ」私の起業で、当面もっとも大事なことは「現在の顧客をつなぎとめること」でした。そのためにしなければならないことをリストアップし、まず①顧客にとって何が変わり、何が変わらないのかを早急に、わかりやすく説明することに心を砕きました。次に②今後の予定、新生・貸し農園で私が計画していることなど、顧客が今後を楽しみにできるような内容を伝えていきました。

事業自体を引き継いだ私のようなケースは稀かもしれませんが、多くの人が、これまでの経験やそこで培った技術を活かして起業しています。第6章からのインタビューに応じてくれたプチ起業家のみなさんも、自身の仕事の経験や研修の成果を武器に、自分の理念や理想をお客さまに響くアイデアに込めて、その人らしい商品・サービスに仕上げています。

組織を離れても、その人の「仕事」の本質は変わらないはずです。むしろ本当にやりたかった自分の「仕事」を実現するために起業するのだと思います。ならば、事業を継続するために重要だと思うことをリストアップして、〝漠然とした不安〟に形を与えてみてください。

商品やサービスを、どんな人に向けてどのように知らせよう？　ファンを増やすには何をすればいい？　お客さまの本音はどんな方法で引き出せる？――**形を与えられれば、不安は〝やるべきこと＝ミッション〟に姿を変えます。**

たしかに経営者になれば、資金繰りや設備投資など、これまで考えなくてよかった別の仕事が重くのしかかってきます。だからこそ、できるだけ「小さく」「低いところから」始めることで、経営者としての新人時代を最徐行で乗り切ろうというのがプチ起業です。

低いところから始めて、低いハードルをいくつも乗り越えていくうちに、実はたいがいの「失敗」は周囲の誰も気にも留めないし、さして大きな打撃にもならないことに気づきます。その時は大きな失敗のように思えても、時間とともに意外に早く風化していくもの…というのが、何とか7年間、会社を経営してきた私の実感です。

とはいえ、**立ち上げ当初に手痛い失敗は避けたい**もの。その後の支援者の獲得に支障が出る可能性が高いですし、何より自信を失い、自分の可能性や能力、やり切る力を信じ切れなくなるからです。

今回のコロナ禍のように、避けようもない不測の事態はもちろんあります。一方で、たいていのリスクは準備や心がけ、早期対処で大きな失敗につながることを避けられます。

小さな起業では、**「手痛い失敗」の確率を下げるための些細な努力を惜しまない**こと。これが最善のリスクコントロールです。

〈許認可〉前例のない事業こそブルーオーシャン

「法律を守って事業にとり組みましょう」と言われて、そんなの当たり前じゃないかと思いますか？

これが、なかなかむずかしいのです。

たとえば食のプチ起業では、食品衛生の基本的な法律である「食品衛生法」に関わることになりますが、この法律は毎年のように改正されています。

さらに関連法や、自治体ごとに定める条例もたくさんあり、その改正をすべて追いかけようと思ったらキリがありません。そのため管轄地域の保健所などで相談することが多いのですが、これも**担当者によって法令の解釈や運用ルールが異なり、担当者が替わったことでOKだったことがNGになったり、逆に突然OKされたなどということも、よくあります。**

保健所や行政機関などの許認可をおこなう組織は、「すでに社会に定着している/市場が拡大している」事業については対応方針が定まっていますが、**前例がないもの、どの組織が担当すべき案件なのかが曖昧なものについては、明確な答えを持っていない**ことがほとんどです。

私が農体験サービスを立ち上げた時も、まさに同じでした。

畑や田んぼを「農地」といいますが、農地は普通の土地と違って農地法という法律によって守られています。食料生産は国の安全保障に関わる重要事項だからで、たとえば、農地には原則として建物が建てられないなどの規制があります。

しかし農体験サービスをおこなうに当たって、「農地でやっていいこと、やってはいけないこと」を具体的に確認しようとすると、やはり曖昧なのです。可否をジャッジする機関はどこなのかも曖昧です。農地で作物栽培以外のことをおこなうことは、想定されていなかったからです。


私は２０１０年から、都市部の農地を使った事業にとり組んでいます。「都市農業振興基本法」という、都市の農業や農地に関する大まかな法律ができたのが２０１５年、基本計画や税制など運用の詳細が定まったのは２０１８年でした。具体的な方針を定めた基本計画の策定に際しては、私が参考意見をヒアリングされる立場になりました。

また、２０１９年には運営するＮＰＯで民泊を開設しました。民泊についての法律「住宅宿泊事業法」ができたのは２０１８年６月です。ＮＰＯが集合住宅をリフォームして民泊施設として経営するという事例は異例だったため、東京都や管轄の消防署などを何度も訪問し、条例の解釈について議論と説得を重ねて、ようやく開設にこぎつけました。

シェアキッチン「おへそキッチン」の場合、複数の事業所が同じキッチンで製造許可を取得するという、あまり例のない業態を実現するために、保健所に日参して細部をひとつひとつ確認することで一定の信頼を得ています。

「ニーズがあるのに、まだ誰もやっていないこと」をビジネスにすることも、起業成功のポイントのひとつですが、そこに許認可の壁が立ちはだかることは少なくないのです。

許認可を得る過程を自分で手がけるメリット

インターネットでは行政書士や司法書士などが、さまざまな許認可について Q＆A式にアドバイスするサイトもありますが、一番知りたい回答は多くが「ケースバイケース」。行政書士などに仕事を委託するためのサイトでもあり、実際にケースバイケースだからです。

状況によっては、ここで手続きを専門家に依頼してもいいでしょう。ただ、**自分自身で行政や公的機関とやり取りすれば、法令が実際にどう運用されているのかを肌感覚で理解できるようになります。**法令を運用するのは人ですから、担当者との相互理解が進めば、前述のように黒が白になることもあるのです。

まずは自分で最寄りの保健所や役所などへ赴き、相談して感触をみてみましょう。このときに重要なのが「担当者も答えを持っていない可能性がある」と認識しておくこと。

たとえば「現状では良いとも悪いとも言えませんので、まずは事業計画の詳細を持ってきてください」と言われたとき、素直に引き下がらず**「課題がありそうなのは、どの部分か」**を訊ねてみてください。その課題に対する答えが事業計画書に盛り込まれていなければ、許認可は下りない公算が高いからです。慎重な担当者が明言を避けたとしても、「○○あたりでしょうか？」「××の部分かなあ」などと食い下がって、感触だけでも得ておきたいところです。

行政関係者がもっとも気にするのは、以下のようなことです。

「安易に許可を出すような回答をして、あとで問題になるのは困る」

「この案件を許可して、同様な事例が多数出てきた場合に問題とならないか」

保健所なら、管内で食中毒などのトラブルを万一にも出したくないでしょう。

許認可を出す側は、常に保守的で慎重にならざるを得ないのです。とはいえ法令で禁じられていないことを絶対ダメとも言えません。

つい、「どっちなのかハッキリしてくださいよ」と詰め寄りたい気持ちにもなりますが、担当者をムッとさせて、いいことはひとつもありません。とにかく、**法令上すぐに許認可を出せない課題ポイントはどこなのかを整理して、その部分の法令を読み込むこと、他の自治体で似たような前例がないかを調べて、あれば担当者に情報提供することも有効です。**

また、すでに融資や創業助成金などを受けていたり、物件の契約期限が迫っているなどの場合は、期限までに許認可が下りなければ計画自体が破綻しかねません。そうした事情は必ず先に担当者に伝えておきましょう。**くり返しますが、法令を運用するのは人です。申請者側の事情が、最後の重要な局面で押しの一手となることは、いくらでもあるのです。**

個々の課題をひとつひとつ乗り越えていく過程では、関係法令に詳しくなり、行政機関や専門家とのやり取りの中でさまざまな情報を得ることができます。こうした過程で得られる知識や知恵、ノウハウは、インターネットではなかなか得られないものです。

行政の担当者は短ければ2、3年で替わります。実績を積めば、その分野では行政担当者より法令や事例に詳しくなっていくことも、よくあります。だから、頼りにされる関係性を築くことで、さまざまな案件をスムーズに進めることも可能になるわけです。

〈人間関係〉トラブルは回避できないと腹をくくる

どんな事業においても、最終的には人間関係がものを言います。良好な人間関係は何よりの力となる一方で、一度ほころびが生じてしまうと、修復には多大な労力を要します。

大きな組織と違って小さな起業では、個人的な人間関係と事業を切り離すことは、とてもむずかしいのです。自分の中で公私を明確に分けていたとしても、他人はそうは見てくれないと思ったほうがいいでしょう。事業パートナーや取引先との意見相違、また地域に密着した事業では、地域団体の中での人間関係の軋轢などが、時には会社組織以上に発生します。暮らしと一体になった地域密着型事業のメリットが、逆にデメリットになるのです。

トラブルにならないようどんなに気をつけていても、誤解がきっかけになったり、思わぬところに先方の〝地雷〟があったりして、ときには理不尽と感じられるようなトラブルが生じることも。備えていれば回避できるというものでもありません。

「あれ？　嫌われている？」「あの人、怒っている？」と気になり出すと、ストレスは増大するし、事業内容や発信内容にも影響してしまいます。これでは何のために起業したのかわかりません。自由を得るはずが、かえって不自由になってしまいます。

私が意識している人間関係のトラブルを悪化させない方法は、次の3つです。

①コミュニケーションで違和感を感じる人とは、どんなに条件の良い話が進んでいても一定の距離を保つ。関係が断たれても事業に支障がない状況をつくる。
②仕事上の関係はなるべく1対1ではなく複数対複数、もしくは第三者に関与してもらう。
③自分からは決して感情的にならず、相手の言い分にギリギリまで耳を傾ける。限界を感じたら一切の関係を断つことをいとわない。

仕事上の人間関係でストレスを感じるのは、理不尽と思える扱いを受け続けている場合や、相手が感情的になる場合が多いでしょう。本来なら、あくまでも理性的にそれを指摘すべきですが、対等ではない関係性では言いにくくなります。だから、**特定の得意先との取引関係に頼りすぎるのは危険です。**

また1対1の関係では、指摘しても話が平行線で前に進まないことが多くなります。そういう状況を回避するため、ふだんから大事な話の時には、なるべく第三者の目が入るようにしておきましょう。スタッフのいない一人起業家は、互いに同席して助け合える起業家仲間を作っておくのもいいと思います。

会社というバックアップ機能のない起業家は、自分の限界点を早めに見定めて、一線を超えたらスッパリと関係を断ち切る覚悟も必要です。**場合によっては弁護士などの専門家に意見を求め、代理人となってもらうことまで想定しておけば、あまり状況に惑わされずに済みます。**自分のほうが感情的になってメッセージや物言いが攻撃的になると、原因とは関係なく自分が不利になるだけ。感情のコントロールだけはしっかり保っておきましょう。

もちろん、最初は合わないと思っても、先方の言い分を聴く姿勢を持つことで自分自身が成長し、相互理解が進んで良好な関係に至ることもあります。だからこそ〝ギリギリ〟の限界点をあらかじめ設定しておくのです。そして自分の気持ちに無理な負担をかけずに、「仕方がない」と割り切ることも大切です。

最後に一人起業家が肝に銘じたい、ある弁護士のアドバイスをお伝えしましょう。

「謝るべきところは謝る。これ以上は謝るべきでないというラインを決めて、それ以上は引かない。無限の誠意というものは存在しません」

プチ起業は常に「動く」ことを想定しよう

立地は重要な資源であると第2章でお話ししました。

しかしリアル店舗の立ち退き要求、賃借した農地の返還要求などは現実的にあるものです。私自身、立ち上げから数年間かなり力を入れて顧客も安定させた農園の農地を、地主との協議がうまくいかず撤退しなければならないことがありました。これは当初から土地の契約が期限付きであり、地主側が更新したくなければ返還しなければならなかったからです。

物件の場合、農地とはまた事情が異なります。

当然ですが、リアル店舗や事業拠点などのために物件を借りる時は、貸借の契約内容に十分注意しましょう。

もっとも多い「一般賃貸借契約」では、物件を借りる賃借人は法律である程度、守られており、家主からの正当事由のない立ち退き要求や更新拒否には応じなくていいことになっています。家主の都合で退去する場合は、高額な〝立ち退き料〟を提示されることが多いようです。

もうひとつが**「定期借家契約」**です。

これは、建物の老朽化などで取り壊しが想定される、もしくは家主自身がいずれ物件を利用する可能性がある場合などに設定される契約の形。あらかじめ定めた期限を過ぎると契約が終了し、更新はありません（家主が認めれば再契約は可能）。契約期間は1年、3年、10年などさまざま。家主側が必要なタイミングで売却や取り壊しなどができる契約方法で、家主に有利な分、多くは賃料が相場より安く設定されています。

一般的には事業拠点を「定期借家契約」で借りることはリスクが高いとされています。事業利用では大抵リフォームや設備投資をおこなうし、繁昌しても期限が来れば退去しなければならないからです。

しかし、私の関わるＮＰＯ法人の事業で使う物件の多くは「定期借家契約」。古民家や築40年を超えるアパートなど特殊な物件が多く、味があって物件として魅力的なうえに、家賃が破格に安いためです。

築年数の古い物件は、取り壊しなどの必要が出てきた場合も想定して「定期借家契約」にすることが多いのですが、家主に私たちの活動を理解してもらって再契約ができています。ただし、一般的に「定期借家契約」の再契約は、あくまでも家主側の裁量ひとつであることは覚えておきましょう。

借主に不利な契約とはいえ、「定期借家契約」の物件は立地が抜群に良かったりと、条件に比して賃料が安いことが大きな魅力。そのため立ち上げ期の一時拠点と割り切って戦略的に借りるケースもあります。期限内にコアなファンをつかみ、移転先やＥＣサイトでも継続できるだけの顧客を獲得するのです。また、事業が急拡大して自ら新天地へ移ったり、家主から「定期借家契約」の物件を買い取ったりなど、実際さまざまなケースがあるのです。

小さな事業では、状況に応じて動く臨機応変さや、柔軟な考え方が重要です。

拠点の移動はもとより、規模の拡大縮小、時には業態の転換さえあるかもしれません。

契約の種類にかかわらず、いつでも動けるようできるだけ身軽にしておく、汎用性の高い備品をそろえるなど、「フットワークを軽くしておく」ことは常に意識しておきましょう。

ポイント

①やるべきこと＝ミッションを一つひとつ挙げ、起業への「漠然とした不安」を減らす

②〝前例のないこと〟こそビジネスチャンス。行政とねばり強く折衝して許認可を取り付ける

③プチ起業はフットワーク軽く、柔軟に。魅力的な物件の多い「定期借家」をあえて借りる手も

第6章

「食のプチ起業」を実践する

起業家INTERVIEW

アトリエこと（生産者のわかる素材を使った焼き菓子）
The Shinjo（小麦粉・乳製品を使わない米ぬかケーキ）
8 ROI フルショウタツオ（本格フレンチの出張料理とキッチンカー）
sweets & link（イチゴ農園の中の本格パティスリー）

食のプチ起業にぴったりのシェアキッチンとは？
～50人の食の起業家が集まる「おへそキッチン」の場合～

小さな食の起業についてのノウハウが求められている！と感じたのは、「おへそキッチン」というシェアキッチンへの問い合わせが、２０２０年から急増していると聞いたからです。

「おへそキッチン」は、東京の国立市にあるシェアキッチンです。国立市は都心から電車で30分、立地的に周辺以外からのアクセスがいいとはいえず、また「おへそキッチン」のホームページはありますが、とくに広告宣伝はしていません。

ところが、利用者は近隣の多摩地域だけでなく、神奈川県や遠く茨城県からも通ってきました。「おへそキッチン」のシェアキッチンは2018年に1ヵ所からスタートし、好評を受けてキッチンが2つある2ヵ所目を2019年に起動しました。合計3つのキッチンを24時間・365日、登録利用者に開放していますが、2020年はほぼフル稼働で、およそ40～50人の「作り手さん」と呼ばれる食の事業主たちが利用するようになりました。

シェアキッチンは、最初の試作品作りや起業直後の商品作りに利用し、事業がある程度軌道に乗ってきたら自前の工房を造って移行する、という流れで使う人が多い場所。つまり利用メンバーは固定ではなく、うまくいっている人ほど早々に「卒業」していくことになります。

だからシェアキッチンは、まさに小さな食起業の登竜門。今風に言えば「食のインキュベーション施設」の役割を果たしています。

まずは「おへそキッチン」を例に、シェアキッチンの仕組みについて説明しましょう。

最小単位は月額1～3万円ほど

食品製造許可が取れるシェアキッチンの利用料金は、だいたい月額2～3万円台で10～20時間が一般的な最小単位。その点、「おへそキッチン」は月1万円・10時間からと小さいことが特徴です。地元農産物を使ったジャムとピクルスの製造販売というプチ起業でスタートした創業者が、「誰でも気軽に起業できること」を目指して最小単位を決めたそうです。「おへそ」というユニークな名称には、子育て中の女性が子どもが幼稚園や保育園へ行っている時間で起業できるというイメージを込めました。

業務用の機材で加工ができる

利用者の約半数がクッキーなどの焼き菓子製造者。生菓子に比べて賞味期限が長いため、すきま時間でまとめて製造できて、比較的気軽に始められる商品です。

シェアキッチンには、業務用コンベクションオーブンやパン作りに使える発酵器、業務用のガスコンロなどレストランの厨房とそん色ない機材がそろっています。焼き菓子はもちろん、本格的なフレンチなどの製造も可能。家庭用ではない業務用の調理器具を使った仕上がりや生産量を確認できます。

またシェアキッチンによっては、飲食店営業許可を取っているスペースが併設されているところも（「おへそキッチン」は併設されています）。お客さまを入れてお試しで飲食店を営業することもできます。

24時間・365日使える

シェアキッチンの一番のネックは、利用者同士で希望する利用時間がかぶりやすいこと。ランチタイムに出店するキッチンカーは早朝からの時間に集中しやすいし、子どもが保育園や学校に通っている時間もかぶります。

そこにはＩＴを駆使したシステムが大活躍。時間変更や空き時間の共有などの管理をクラウド上のカレンダーでおこない、入退室は電子ロックで管理しているシェアキッチンが増えています。利用者が互いにマナーを守ることで、こうした簡素化をおこないやすいのです。そのうえで「おへそキッチン」では、オーナーが直接、相談を受けて柔軟な調整もしています。

食の起業に関する情報が手に入る

食の起業は、保健所とのやり取り、業務委託先や販路探し、新しい加工場の準備など、さまざまなノウハウが必要です。インターネットでもある程度は調べられますが、保健所は管轄する地域によって対応が異なるし、最新で信頼性の高い情報は現場に近い人から仕入れるのが一番です。

シェアキッチンのメリットのひとつが、こうした情報が集まりやすいこと。「おへそキッチン」の場合、オーナー自身が保健所とのやり取りの経験が豊富で、さらに、ほかの利用者や卒業した先輩利用者たちとも長くつながっています。食起業の初心者がさまざまなことを相談しやすい環境が、自然とできているのです。

起業前の準備期間にシェアキッチンを利用するメリットは、調理場所以外にたくさんあるようです。

次ページからは、「おへそキッチン」を利用中または卒業した食のプチ起業家たちが、具体的にどのように事業を展開しているのかをインタビューであきらかにしていきましょう。

起業家INTERVIEW　食のプチ起業①

出産した年に起業し、人気店に「自分の気持ちに矛盾なく稼ぐ」

生産者のわかる素材を使った焼き菓子

アトリエこと　鈴木千尋

「おへそキッチン」利用者のなかで一番の成功例といえそうなのが「アトリエこと」。2019年10月に開業してから順調にファンを増やし、1年も経たないうちに自前の加工場をオープン。それから半年ほどで会社員時代の給与とそん色のない利益を生み出すようになりました。店名の「こと」は、「子と」や、出来「ごと」。子育ても自分も、食べる人や生産背景も大切にしたいという意味が込められています。

DATA

商品：生産者のわかる素材を使った焼き菓子／起業年：2019年／初期投資：約15万円（加工場、賃貸手数料など）

――どんな商品を、どのくらい作っていますか？

作っているのは、国産の米粉や地域の農産物、フェアトレードの輸入品など、生産者のわかる素材を使ったクッキーやケーキなどの焼き菓子です。販売先は、直接お店に納品する卸販売と個人宅配が半々くらい。お店は決まった数を、ネットショップのほうは毎月予約をとってから製造していますが、２０２１年になってからは週５日、毎日焼いて発送して届けてと、おかげさまでとても忙しくなりました。

――出産後まもなく起業されたとか？

２０１９年３月に出産、10月に開業して11月からシェアキッチン（「おへそキッチン」）を借りました。焼き菓子にこだわってというより、食に関することで自分にできることを考えて、焼き菓子なら赤ちゃんがいても作れると思い、クッキーから始めたんです。最初は小さく月２回、それぞれ５時間ずつくらいからキッチン利用を開始しました。出産前に勤めていたカフェに商品を置かせてもらったり、知り合いや知り合いの伝手で注文をいただいたお客さまに通販。月10時間利用のときは月の売上4~5万円、月20時間にしてからは8~10万円くらい。20時間でも、経費を差し引くと利益は5万円残ればいいほうでした。

――飲食店時代の経験はかなり活きていますか?

勤めていたのは、生産者とのつながって食や暮らしの在り方を提案するコミュニティカフェでした。イベントが開催されることも多く、いろいろな人が集まる場。そこのキッチンスタッフとして5年半ほど、出産直前まで働いていました。その前はフェアトレードの食品や雑貨を扱う仕事をしていて、こちらも人と接する仕事。そういう場所で出会った人たちとのつながりは大きかったです。

キッチンの仕事は入社して初めて経験したんですが、ランチで多いときは100食以上作るという忙しさ。入って1年ほどで先輩スタッフが退職することになり、2年目にはチーフを任されました。このときレシピなどを必死で勉強して、それが今のベースになっています。

野菜料理とスイーツどちらも作りましたが、どちらかというと料理がメイン。「おいしいとは何か?」を常に考え、そのイメージに向けて手を動かし続ける毎日でした。理論より身体や感覚で覚えていった感じです。とくに印象に残っているのは、乳製品や卵を使わない季節のパフェづくり。植物性の素材では出しにくいコクをナッツで出したり、食感のアクセントを何で加えるか、素材の味をどう活かすかなど、先輩に教えてもらったことをベースに組み立て、形にしていきました。あれこれ苦心しながら工夫して、その甲斐あって、けっこう評判が良かったんです。こういう経験はすごく大きかったですね。

――ただ、焼き菓子は世の中にたくさん流通しているし、最近は食材にこだわったものも増えています。その中で「アトリエこと」の商品を選んでもらうために、どんなことをしましたか?

まずは食べてもらわないと始まらないので、最初はイベントなどに出店してお試し的な商品を並べました。内容量を通常の約3分の2の35g程度にして値段は250

円、お試しサイズを地域通貨で１００円、などです。

私は、食べた時の味や食感に「ちょっと驚きがあること」を大事にしています。それが「また食べてみたい」につながると思うから。カフェ時代からの習慣です。もし、「卵や乳不使用の焼き菓子や、グルテンフリーの焼き菓子って、まあ、こんな感じ」と、味や食感に特有のイメージを持っていたとしたら、そのことに気づかないくらいがいい。

カフェ時代に鍛えられた肉や魚を使わないメニューづくりとか、乳製品や小麦粉を使わずにスイーツレシピを考えることなどは、一般的には縛りですけれど、この縛りがあったほうが私の技術を出しやすい。むしろ一般的な食材を使うものでは既存の商品に敵わないと思います。結果として「こういうのを食べたかった」と言ってもらえて、知り合いから始まり、紹介や贈答

70年にわたって栽培されている岩手県の南部小麦や、山形県の在来種米粉をベースにしたクッキー、地元の豆腐屋のおからを使った乳卵不使用のケーキなどに、季節の野菜や果物を合わせた商品群にファンが付いている。

で少しずつお客さまが広がっていきました。

――スタートから自前の工房設置まで10ヵ月。速かったですね。

月10時間だったシェアキッチンの利用枠を20時間に切り替えたのですが、それでも注文に間に合わない状態が続きました。子どもを保育園に預けられたら時間に余裕ができると思っていたのですが、保育園がコロナで登園自粛。焼き菓子の需要は夏場には下がるので、このタイミングで物件を探して加工場を作ろうと思い立ちました。

焼き菓子の加工場なら、あまりお金をかけずに作れるとわかっていたので、それほど思い切って「えい！」とジャンプした感じではなかったです。物件の条件は、自宅から近いこと、1つのフロアにキッチンシンクと洗濯機置き場があること、玄関・トイレ・事務作業スペースが区切れること。改装が前提なので、原状復帰できる範囲でそれが可能な物件であること。毎日インターネットで間取りを確認しながら探していたら、7月にはいい物件が見つかって、8月には保健所の許可が取れました。

自宅から自転車で15分、美術大学が近いこともあって風呂なしの、アトリエ向きと勧められたマンションの一室で、家賃は月３万２０００円です。

――改装費や備品費には、どのくらいかかりましたか？

間仕切りなどは私の父にＤＩＹでお願いしました。業者さんに頼んだのは洗濯機置き場に設置したシンクの給排水だけですね。購入したのは、中古の家庭用オーブン２台と冷蔵庫、棚、プリンタなどで、15万円以内におさまりました。机や椅子は実家から持ってきて、本当にお金かけていないんです（笑）。

美大近くの「アトリエ向き」という物件を借り、お金をかけずに改装して造った自前の加工場。

――販売促進はどうしていますか？

主体は販売サイトとインスタグラムです。それから近所や知り合いのお店に卸で置かせていただくことも、販売促進のひとつと思っています。

今は季節のケーキなど、毎月、旬の食材を使った新作を出すようにしています。ネットショップ作成サービスのＢＡＳＥで販売サイトを作り、「○月のケーキとクッキーセット」などの商品をアップして予約を取ります。予約分だけを作るので在庫を抱えることはありません。あとは、都心や地方の７店舗ほどへ直接納品。なくなったら補充するスタイルか、月１回納品ですが、ありがたいことに毎月ほぼ完売しています。

２０２１年は年明けが本当に忙しくて、毎日焼いて送って…をくり返していました。ふだんは１日８時間、そのうちオーブンを稼働させているのが４時間くらい、週５日の稼働が基本です。それで、ようやく粗利益が会社員時代の月収と並びました。すべて自分の責任で仕事をするのは大変なことも多いですし、労力と収入が見合っているのかは微妙なところですが、時間の融通が自由に利くのは大きなメリット。私の中でこの事業はまだまだ発展途上だと思っていますが、子どもと過ごす「今」を大切に、自分が無理なくできる範囲でというのが大前提なので、どこまで広げるのかは迷うところです。

――ここまで順調に事業を伸ばせたポイントは何だと思いますか？

うーん、何でしょう？　家族の協力は大きいですね（笑）。

「新作を出したい」と思う時には、自分の中にすでにイメージがあるんです。新しいレシピを考えて試作する時間が、一番好き。生産や流通に関わる人たちのことも知っているので、季節の果物やお豆腐などの素材は、みなさんの顔や生産現場を思い浮かべながら、どうアレンジしようかと考えます。アイデアノートにいろいろ書いて、試作しながら調整して、作りたいもののイメージを形にしていきます。今も5、6品の試作を進めていますが、実際に商品になるのはそのうち1～2品ですね。

商品化する基準は「本当においしいかどうか」で、セレクトはかなりの緊張感を伴います。活かしたい素材の持ち味がちゃんと活きていること、焼菓子としてのまとまりがあり、味や食感のアクセントが程よく効いていて、もうひとつ、と手を伸ばしたくなること。何と言うか…食べたときの印象として、地面から頭の上の方までピッと線が一本通ってるなと感じるもの。それがあれば、お客さまにも受け入れられると感じます。

もうひとつ大切にしているのはデザイン。「アトリエこと」の屋号を一緒に考え、私の想いをロゴという形にしてくれたデザイナーさんとの出会いは大きくて、彼女にはとても感謝しています。最初、先の見えない中でデザインにお金をかけることには怖さもありましたが、結果的に大正解でした。デザインや見た目の良さはやはりとても重要で、商品を手にする喜びを大きくしてくれると思うし、届くお客さまの範囲が広がることも実感しています。

――これからの展開はどう考えていますか?

実は近々、地方移住を考えています。夫はフリーの植物ガイドで、植物の観察会を主催したり、生態写真を撮って発表するのが仕事なのです。それに私自身も以前から、もっと畑や食材とじかに関われる場所を拠点にしたいと思っていました。

仕事でフェアトレードの商品を扱っていたとき、アルパカの毛でセーターを作ることで生計を立てているペルーの女性たちを訪ねる機会があって、「かっこいいな」と思いました。自分の暮らす地域の財産から、自分の手を動かして商品を作り、それで現金を稼いでいる逞しさ、確かさに惹かれたんです。生きることと働くことの間に矛盾がないって、すごく気持ちがいい。作るならそういうものがいいと思いました。

彼女たちのように、暮らす場所にある自然素材から手を動かして生み出したものを届け、それが循環してまた自然に帰っていくような仕事をしたい。だから食だけにこだわっているわけでもないんです。今ベストだと思うことを精一杯やっているだけ。何より、自分が生き生きとしていられることが大事で、同じ人生なら、自分の心が元気でいられる時間が長いほうがいいなと思います。

――自前の加工場を作って1年も経っていないのに、速い展開ですね。

加工場の設備は、物件に固定された設備の上から新たに設置しただけなので、多くは移転先でも再利用できると思います。現在も地方発送はけっこう多いので、お客さまとのつながりはそのまま保てたら嬉しい。もちろん、この地でお世話になってつながりができた人と離れるのはとても残念ですけれど、場所の制限を受けにくい事業であることも、強みのひとつだと思っています。

環境が変わることで、また「アトリエこと」がどう変化・進化していくのかも楽しみ。人生のさまざまなタイミングに応じて形を変えながら、今後も楽しく仕事を続けていきたいと思います。

子ども部屋のクローゼットではじめたミニマムなケーキ工房

小麦粉・乳製品を使わない米ぬかケーキ

The Shinjo　新庄まき

（ザ・シンジョウ）

シェアキッチンで事業を始め、2020年5月に自宅で菓子製造業許可を取得した新庄まきさん。商品をパウンドケーキ5種類に絞り、自宅を改装した工房で、給排水の整備を含めておよそ65万円というミニマムな投資で開業しました。そのノウハウとは？

DATA

商品：米ぬかと酒粕を使ったパウンドケーキの製造・販売／起業年：2017年／初期投資：約65万円（2020年の自宅改装費）／売上と所得：月平均で売上約6万円、所得は年約38万円

——工房は、玄関のすぐ脇の部屋なんですね。

家を建てるときに子ども部屋として作り、物置になっていたところ。お風呂とトイレに近くて給排水が取りやすかったので、クローゼット部分にシンクを設置しました。ケーキの原料に土ものの野菜などがなかったため、1層式のシンクで保健所に認めてもらえました。施工は以前から気に留めていた工務店さんにお願いして、壁塗りなどは自分でもやりました。

——オーブンも1台だけですね。これでどのくらい生

自宅のクローゼットに収まったコンパクトな厨房。土の付いた青果を扱わないため1層式のシンクで製造許可が下りた。

産できるんですか？

２段式の家庭用オーブンを探して、シャープのスチームオーブンレンジに決めました。シェアキッチンでの経験と、ショールームをまわって性能をいろいろ確認した結果、自分にはこれ１台で大丈夫だなと思ったんです。

１回の製造に６時間、15本のパウンドケーキを焼いて切り分けてパッケージします。だいたい１本から８個を取る計算で、１回に約１２０個を作ります。小売価格は１個３００円。７ヵ所のお店に置いていただいているほか、通販や受注生産で販売しています。販売するにあたり食品検査の結果を受け、すべて85日以内に売り切るようにしていて、今は月２〜４回くらいの製造で、月の売上にすると６万円くらいですね。

製造は現在の倍くらいまでは簡単に増やせるんですが、長男に重度の障がいがあるので使える時間が限られています。無理しない範囲で徐々に拡大できればいいなと思っていて、いずれはパッケージやラベル貼りなどを手伝ってくれる人を雇うことも考えています。

――今後もパウンドケーキだけでやっていくつもりですか？

しばらくはこれでいこうと思っています。食に関することは衛生面や安全面などを考えると、あまりいろいろ手を出さないほうがいいかなと思うので。

作っているのは色と味の異なる5種類の米ぬかケーキで、レシピは2011年頃に自家用に作り始めたものが原型です。当時、田んぼをやっていた石川県の実家から玄米を送ってもらっていたんですが、精米して残

クランベリーとローズヒップ、パイナップルとピーナッツ、抹茶とカカオニブなど組み合わせを工夫して味と食感の完成度を高めた。

った米ぬかを捨ててしまうのが本当にもったいなくて、米ぬかを活かせるレシピを考えました。息子が安心しておいしく食べられるものを…とあれこれ試行錯誤する過程でできたものなんですが、食べてみて「あ、これは売れる！」って思う味だったことがきっかけ。そこからしばらく間が空いて、賞味期限や保健所の許可のことなどをいろいろ調べて、２０１７年にシェアキッチンを借りて販売を始めました。

――とはいえ、収益的にはもうひと声、欲しいところではないですか？

家賃などの固定費がゼロなのと、すべて自己資金でまかなって借り入れがないので、今はこれで満足です。あくまでも息子を含めた自分のライフスタイルを崩さない範囲で行う副業という位置づけ。でも実はケーキを売り始めてから、ショップカードを目に留めてくれた人から、グラフィックデザインや映像の仕事にもつながっているんですよ。それを合わせると開業から1年で初期投資を回収できました。

――なるほど。販促物も自身で作れるから、経費は原材料費と水道光熱費くらい

なんですね。しかも、ケーキの製造販売が本業の営業促進になって、相乗効果も生んでいる。

もともとテレビＣＭの制作や映像の編集といった仕事をしていたので、「素材を活かしてアレンジする」という点ではお菓子作りもデザインも同じような感覚です。時間単価はデザインの仕事のほうが圧倒的にいいですけど（笑）、このケーキを家族の名前「The Shinjo」としてお客さんに届けられる意義は私にとって大きいんです。息子がいなければ、このケーキは絶対生まれなかった。売れると「アヤト（長男の名前）のケーキが売れたよ！」と心底、嬉しくなります。

――ブランディングや売り方はどのように工夫していますか？

まずは、健康意識の高い人や小麦粉アレルギーの人にも安心して食べていただけるケーキということで、フライヤーやウェブサイトで原材料を前面に出しています。ＥＣショップ用にギフトボックスや、１本まるごとのホールの商品も作りました。

あと、食べ方の提案。焼き菓子はどうしても夏場に売れ行きが下がるんですが、実は、このパウンドケーキは冷凍しても硬くならずに、おいしく食べられるんです。夏は冷凍がオススメ、とお伝えしたりしています。

シェアキッチンを利用し始めた頃、知り合いが一気に増えて、マルシェやイベントに誘っていただく機会が増えました。それはそれで楽しかったんですが、息子のこともあって土日はなかなか時間が作れない。結局、コミュニティをベースに商売を広げていくやり方は難しいとわかり、頭を切り替えました。今は商品そのものを好きになってもらい、少しずつ販売を伸ばしていければいいと思っています。

いつもお世話になっている宅配便の担当の人に時々、ケーキを差し入れるんですが、休憩中に食べていたら、「あ、そのケーキ知ってる！」と言われたと教えてくれました。そういう話を聞くと本当に嬉しい。私という作り手や背景への共感より、商品そのものへの評価が、私から遠く離れた人にも商品を届けてくれるんだなと。

――5種類の商品ラインナップの決め方は？

最初、３種類を作り、シェアキッチンで本格的に始動するとき5種類に増やしました。商品名を色にしたいなと思って、まずブラウン、ブラック、レッド、さらにグリーン、イエローと、ゴレンジャーみたいな発想です（笑）。ただ、詰め合わせボックスに収まりのいいのは４種類でしたね。

レシピの考案は映像の編集と似ていると感じます。たとえば「全体はしっとりした食感で、ここに違うテンポのもの、たとえばナッツを入れよう」とか、ジンジャー味のケーキにはショウガのパウダーを使うんですが、「繊維の強いパイナップルと合わせると、まるでショウガの繊維みたいなリアルな食感になって面白い」という感じで、割とすんなり決まっていきます。

――試食させてもらいました。このケーキが米ぬかと酒粕だけで、小麦粉や乳製品を使っていないなんて心底ビックリします。

そうなんです！ 自分でもミラクルだと思いました（笑）。それに、何より息子が大好きで、たくさん食べてくれるのが嬉しい。米ぬかも酒粕も最近の健康ブームで注目されていますが、以前は捨てられていたものです。でも栄養価が高いことはわかっていたし、アレンジ次第でこんなにおいしく食べられることを伝えたかった。インターネットで調べても同じような商品は見つからなかったので、とにかくやってみよう！と思いました。

——今後の展望はどう考えていますか？

最近、ホールで買ってくださる方が増えて手ごたえを感じています。まだ工房を作って1年目なので、もう少し伸ばしたいですね。

将来的なことですが、障がいのある子どもと親御さんが一緒にゆっくりできる場を作れないかと思っています。私も当事者なのでよくわかるんですが、公園の遊具を他の子どもたちと共有して遊ぶのが難しかったりする。たとえば、独り占めできるトランポリンやブランコなどの遊具を置いて、それを親が見守りながら隣でコーヒーを飲めたらいいなと。もう一つは、実家のある石川県の能登半島のほうに、とても魅力的な障がい者施設があるんです。そこはお米も日本酒も塩もいいものができる地域なので、「The Shinjo」のブランドを育てて、移住できたら…というプランも。産地の原料で米ぬかケーキを作って販売しながら、息子と幸せに暮らせたらいいなとも考えています。

フランスの料理学校卒業後、いきなりキッチンカーで開業

本格フレンチの出張料理とキッチンカー

「8ROI フルショウタツオ」

コロナ禍で飲食店が困窮する一方で、キッチンカーでの出店が激増しています。食品提供できる移動販売車での販売は、店舗を持たず気軽に飲食業をスタートできる道。ただしキッチンカーの営業には、車体だけでなく仕込み場にも保健所の許可が必要です。シェアキッチン「おへそキッチン」にもキッチンカーの仕込みに使いたい人からの問合せが急増。利用者の中でもダントツに若い22歳の古庄達雄さんは、調理専門学校からフランスへ留学し、帰国後、キッチンカー営業と出張料理の2本立てで事業を始めました。

DATA

商品：〈移動販売〉地元八王子産の素材を使った手造りサンドイッチ、ミネストローネ、〈出張料理〉フレンチ／起業年：2021年／初期投資：約250万円（5年ローンのキッチンカー）／売上と所得：〈移動販売〉一日平均売上2〜3万円、所得約1〜2万円

——この「八王子サンド」は野菜の存在感がすごいですね。

地元の八王子市にある中西ファーム産のサラダ野菜です。今日はリーフレタス、わさび菜、からし菜、かつお菜、カブ、新玉ネギ、赤軸ホウレンソウの7種類の新鮮野菜が入ったサンドイッチ。もちろん季節や旬で野菜は変わります。野菜と地元が大好きなもんで（笑）。このキッチンカーの名前もそう。「王様」を表すｒｏｉ（ロワ）というフランス語を使って「８ＲＯＩ」＝「八王子」。自分で言わないと誰も気づいてくれないですけど（笑）。

——紫色のドレッシングもまたインパクト大です。

これは「東京西洋野菜研究会」という、イタリア野菜などを作る生産者団体のビーツペーストを原料にしています。パンも、鶏の生ハムも自家製。このミネストローネもオススメですよ。出汁も肉も使わず野菜だけを煮込んで作りました。ここまでイナから手造りしているキッチンカーは、あまりないでしょう？

パンから焼くので仕込みは大変です。でも「地元の食材を使った本物の味を、キッチンカーで気軽に味わえる」ことが最大のウリなので。

――本格的に出店を始めて2ヵ月、反響はどうですか？

単価が800〜900円と、キッチンカーとしては安くないのですが、ありがたいことにリピート率がとてもいいんです。1日に4時間ほどの営業で売上は平均2万円くらい。2、3ヵ月後には一日3万円くらいになるかなと思っています。

それから、この出店は自分という料理人を知ってもらい、次の仕事につなげる目的が大きいのですが、それも徐々に実現しつつあります。昨日もキッチンカーのお客さんのお宅へ出張料理に伺ってきました。ご夫婦の記念日で、「いつもはフレンチレ

季節や日によって中身の野菜もソースも変わる「八王子サンド」。鶏ハムもピタパンもすべて自家製で満足度の高いサンドイッチだ。

ストランに行ってるのだけれど、今年はコロナで難しいので自宅でフレンチディナーを楽しみたい」というご依頼です。当初考えていた通りの流れで仕事ができて嬉しかったですね。

――出張料理はどんな内容ですか？

基本はフレンチのコースです。昨日はお二人で2万円でしたが、気軽に試していただきたいので、お一人5000円からお受けしています。コースの場合、基本はアミューズ（お通し）、前菜、肉か魚のメイン、そしてデザートという流れで、ワインなどもオーダーでご用意します。ご家庭のキッチンや食器類の写真を事前に送っていただいて、準備に1時間、お食事2時間、片付け1時間、計4時間くらいです。

22歳でフレンチシェフと名乗っても、正直あまり期待はしてもらえません。それでもというか、だからこそ、素材にこだわってメニューを工夫して、仕込みにもかなり手間をかけます。絶対に想定を上回るものを提供したい。昨日のお客さまからも「そこそこで構わないと思って頼んだのだけど、想像よりずっと素晴らしかった！」

と言っていただけました。出張は毎回ものすごく緊張するんですが、やりがいがあります。ただ、仕込みで張り切りすぎて原価率が40～50％になってしまうことがあるので、そこは改善しないと商売としては厳しいですよね。

――以前から出張料理を？ ご経歴も教えてください。

フランス留学から帰国後、就職活動をしながら、まずは知人関係から始めました。その後も出張料理をやっている料理人の方からの紹介など、あくまでもクチコミがベース。ＷＥＢ関係は苦手で文章も得意ではないんですが、インスタグラムに料理の写真をアップするようにして、友人にお願いしてホームページも作ったので、そこから少しずつ広がってはいます。

エコール辻（辻調理師学校グループ）のフランス・イタリア料理マスターカレッジで1年、そのあと同校のフランス校に1年間留学しました。フランスでは半年間、リヨンにある学校で学んだあと、残り半年は現地の三つ星レストランで実地研修です。研修先は、日本円で一人3～4万円のコース料理を出す高級店。完璧さの追求がケタ違いで、本当に圧倒されました。学校の指導もかなり細かいのですが、実際の本場はそれ以上です。毎日打ちのめされるような感じで力不足を実感。結果的に学校は最優秀の成績で卒業できたのが、せめてもの救いです。

――そんな経歴なら、帰国後は有名フレンチで修業して、それから独立というのが通常のコースでは？

確かにそうなんです。だから最初は就職活動をしたんですが、試用期間後に不採用になったり、採用されても自分から辞めてしまったり…帰国後、半年くらい転々としてしまいました。自分はどうやら人の下で働くのが苦手な質なんだとわかって、コロナで飲食店も大変な状況ですし、それを言い訳に、いきなりキッチンカーで独立しようって思ったんです。

――キッチンカーとはいえ、いきなり独立。開業資金はどうしましたか？

貯金は底をついていましたが、体力に自信があったので、２０２０年５月から宅配便の下請けドライバーを始めました。荷物を１個配送していくら、という完全ノルマ制で、週５日・８時間働くと月50〜60万円は稼げました。また、よくわからないままダメ元でクラウドファンディングにも挑戦。結局、集まったのは数万円でしたけれど、まったく見ず知らずの方が資金提供してくださって、その上、返礼品にした自家製の鶏ハムなどを僕の通販ページで注文してくださるようになったんです。挑戦することと、それをアピールすることの大切さを学びました。

半年で３００万円ほど貯められたので、専門の業者からキッチンカーを購入。車体は中古、中身はオーダーで約２５０万円、５年ローンです。２０２１年１月に

キッチンカーを看板代わりに名前を広め、フレンチ出張料理の仕事を増やすことが目標。キッチンカーもフレンチシェフの正装で

納車され、2月から出店を始めました。

――まだ若いし、いざとなればアルバイトで稼げばいいという開き直りもチャレンジには必要ですね。とはいえ、料理は学んできてもキッチンカー経営は未経験でしょう？

キッチンカーには以前から興味があったので、自分なりに研究はしていました。キッチンカーの専門業者に相談すると、車はわりとすんなり見つかりました。ただ、車と仕込み場の2ヵ所に営業許可が必要で、仕込みに手頃な許可施設を見つけるのに少し苦労。八王子周辺で探しましたが、結局、車で30分ほどの「おへそキッチン」を選びました。キッチンカーはランチタイムに合わせて朝早くから仕込むことが多く、シェアキッチンの利用が早朝から午前中に集中するので、自分は時間をずらして深夜帯を使わせてもらっているんです。ほかに食品衛生関係など、管轄する保健所によって対応が異なることも「おへそキッチン」で教えてもらえたので、思ったより順調にスタートできましたね。

——出店場所も重要でしょう。キッチンカーが急増するなかで、苦労はないですか？

僕にとってキッチンカーは、メインの業態というより、自分を知ってファンになってくれるお客さんを増やす手段。そこから出張料理などにつなげたいんです。なので出店場所は、スーパーや駅の前など人通りの多いところではなくて、お客さんと食材や料理についてゆっくり話しながら商品を提供できる場所を選んでいます。目に付きやすいよう服装もフレンチシェフの正装です。

まず、野菜を提供してもらっている八王子の「中西ファーム」が、土日に農園で直売をするので、そこに2月から出店させてもらっています。さらに3月からは、店舗と住宅、コミュニティスペースが併設された小規模な商業施設の一角をお借りして出店。複数店舗が入っていて、上はコミュニティアパートでイベントもよく開催されます。数年前から話題になり、近隣の感度の高い人たちが集まる空間です。

どちらも直接オーナーにお話しして快諾いただけました。2ヵ所とも場所自体にファンが付いているのが特徴。そこが自分の目的にもぴったりでした。

――出店場所とキッチンカーの個性がマッチすると、双方にとってメリットが大きいのですね。スタートからまもないですが、今後の展開はどのように考えていますか？

やりながら考えていきます（笑）。あまり焦らず、ちゃんと料理を伝えられる形でやっていきたいんです。

いまキッチンカーで週3日、日販平均3万円を目指していますが、シェアキッチンの夜間帯を月50時間は使わないとまわらないくらい忙しいんです。パンを焼き、肉を仕込んでミネストローネを煮込んで…と、ちょっと余裕がない。オペレーションの改善が必要ですね。ここにオーダーの出張料理や飲食店出店のお手伝いが加わりますが、減価償却費もあるし、まだ赤字なんです。今後はオンライン料理教室なども考えています。

ただ、いざとなれば再挑戦すればいいと思っていますし、まだ若くて経験も浅いので、まずはキッチンカーを通して僕を知ってもらいたい。求められたら期待以上の仕事で応えていくことで、ファンを広げていくことが目標です。

起業家INTERVIEW　食のプチ起業④

都市農業×パティシエが創る
農園パティスリーという新ジャンル

イチゴ農園と組んだスイーツコンサルタント

sweets & link　関根夏子

食のプチ起業の最後に登場するのは、プロのパティシエです。インターネットのおかげで普通の人が〝お菓子で起業〟もできる現在、某有名パティスリーで腕を磨いたプロ中のプロである関根さんは、一次産業と組んで「都会の農園パティスリー」の開業を準備中。ほかにないワンランク上の「手みやげ」を、その価値を認める顧客が多い都市部で提供し始めたのです。

DATA

商品：農園のイチゴを使ったスイーツほか／起業年：パティスリーの開店は2021年夏頃／初期投資：建設費はスローファームの負担／売上と所得：開店まもないため未集計

――関根さんがプロデュースするお店「スロースイーツ」があるのは、イチゴ農園「スローファーム」の一角。神奈川県川崎市の高級住宅地に近くて、人気の摘みとり園ですよね。

この地域で代々続く農家が新たに土地を借り、１５００㎡の鉄骨ビニール連棟ハウス２棟を建てて、イチゴの施設栽培を始めたそうです。それが２０１９年で、私は前職を辞めて２０２０年の夏に農園と契約し、現場に入って栽培を手伝いながらパティスリーの準備を進めてきました。

――「スローファーム」はシーズン中の平日に伺ったことがあり、イチゴ狩りも直売所も大盛況でした。イチゴ狩りは大人２６００円、直売は１パック８００円と平均をかなり上回る高単価ですが、その価値を認める客層をしっかり掴んでいます。

そう思います。たまたまインスタグラムで募集を見て、初めて面接に来たとき、いわゆる農家のイメージではないセンスの良さやおしゃれ感に正直びっくりしました。

イチゴ事業の責任者は取締役の安藤圭太さんで、面接して「よろしくお願いします」と互いに即決でしたね。

家業は農業でもイチゴ栽培は初めてだったそうで、長らく旅行業界にいた安藤さんは、採れたての完熟イチゴは大消費地で価値が高いと思ったそうです。その価値をさらに広げるために何ができるか、パティシエと相談したいと。私も、イチゴ農園の中で採れたてのイチゴを使ってケーキやお菓子を作れるなんて、パティシエとしてワクワク感しかないですよね（笑）。

――関根さんの仕事は当時、どんな状態だったのですか？

私は2020年5月に前職のパティスリーを退職。フリーのパティシエとなって2ヵ月でした。

前職には20年間勤めました。現場の職人から始めて、店長など責任ある立場になり、最後は取締役としてM＆A（企業の合併・買収）を受けるところまで見届けました。以前は労働環境に本当に余裕がなくて、寝る間もないような仕事の仕方で。

約200名の社員やスタッフのためにも経営統合で労働環境が整えばいいと、M&Aに積極的にとり組んだんです。無事完遂してひと段落したら、やはり会社は雰囲気が変わって、機械化が進んでお客さんとの距離が遠くなった気がしました。その時、「そもそも自分のやりたかったことって何？」と振り返ったんです。それまでがむしゃらに働いてきて、でも体力はずっと続くわけではないだろう。自分の時間を自分でコントロールできる立場になろうと思っての退職でした。

――退社後の進路は決めていましたか？

最初は自分でお菓子を作って販売するプレイヤーを考えていました。シェアキッチンを見てまわったり、WEBショップを調べたり、キッチンカーも検討。でもコロナがあって、自粛期間中にいろいろ考えているうちに、もっと自分の持つ技術や経験、知識を使って人をサポートする仕事がしたいと思ったんです。たとえば、異業種から製菓業界に参入すると多くの課題に直面します。とくに経営側と現場では軋轢も生まれやすい。そういうところにアドバイザーやコンサルタントとして入り、サポートする。これなら自分のやってきたことを活かしやすい。「sweets & link」と屋号をつけてホームページを作り、問い合わせや打診もいただいていました。

――パティシエと農業の距離は近くなさそうですが、どこに接点があったんでしょう？

果樹農家やお茶農家とは直接取引もしていて、農産物は食材としてむしろ関わりが深いほうです。ただ栽培現場のことは知らなかったので、退職後に農業ボランティアをしたりとアンテナは立てていました。そうしたら、インスタグラムのストーリーズに1日だけ上がっていた求人広告を、たまたま見つけたんです。すごい偶然ですよね。

それが7月で、イチゴの収穫が始まる12月までは苗づくりや定植などの農作業を手伝いました。栽培に携わると食材への思い入れがより強くなりますね。12月からイチゴ狩りや直売で残った完熟イチゴを使って、シェアキッチン（「おへそキッチン」）でジャムとコンポートを作り始めました。

農作業をしながら安藤さんとはいろんな話をして、私もパティシエの立場からいろいろと提案。そのうち、農園パティスリーの話が膨らんでいったんです。

――農家が食品加工を始めることは、補助金も出る「6次産業化」のひとつで珍しくはありません。でも、プロのパティシエと組んでパティスリーまで新設する農家はそういない。どんな勝算があって踏み切ったのでしょう？

最初は、ハウス内の直売所でイチゴと一緒に販売するイチゴ加工品を作りたいとのことでした。でも、せっかく私が関わるなら、採れたての完熟イチゴを使ったショートケーキなどの生菓子も出したい。そうなると、温度の上がるハウスでの販売はむずかしいし、収穫物がなくな

2021年6月にパティスリーの建物が完成。イチゴ農園を訪れる客層が喜ぶ、本物の上質な農園スイーツを提供する。

る6月～12月の半年間もパティスリーで販売できる商品を考えないと、スタッフの通年雇用ができず効率が悪くなります。

1年じゅう安定的に売上を立て、人も育てられる環境を作りたいと思いました。それには、冷凍や乾燥で食材をストックしたり、たとえば周辺の鶏卵農家から卵を仕入れてプリンを作ったり、ブルーベリーやブドウを仕入れて商品にするようなことも必要。そんな話をしているうちに、どんどん本格的なパティスリー建設へと話が向かっていったんです。

農地ではさまざまな許可申請が必要で、一般の商業施設とは異なります。選果やパッケージ用の施設を増築して、加工場と販売所を作りました。設置面積に合わせて加工場の図面を引き、売り場や機材に至るまで私から提案しました。

農園の完熟イチゴを加工してスイーツの原料をつくる関根さん。最終的にはパートさんが製作可能な工程まで固める。

——農業で加工といえば、ロスとなる規格外品を換金できるようにすること、という考え方が主流です。でも完熟イチゴをパティシエが加工する農園パティスリーは、経営の柱のひとつになる加工事業なんですね。

ここのお客さまの層を見ていると、パティスリーが本格稼働すれば、かなり喜んでいただけるだろうなと感じます。贈答用など日常的にちょっといいモノが売れる地域性もあります。イチゴ狩り自体が非日常な体験ですが、売店に、その完熟の採れたてイチゴを使ったおいしそうなケーキやスイーツがあれば、地元の「手みやげ」にもなるし、自分へのご褒美にしたいと思う人もいそう。

——パティシエとして今まで扱ってきたイチゴと、農園で直接手に入るイチゴは違いますか？

かなり違います。農園では本当の完熟で収穫するので、とにかく甘さが別格、そのぶん傷みやすくもあり、果汁も多い。市場流通品は酸味が強めなので、たとえばショートケーキなら濃厚なクリームと柔らかいスポンジを合わせて、トータルで「甘酸っぱくておいしい」ケーキを完成させていました。農園のイチゴを使って同じレシピで作ったら、なんというか、クリームが果汁に流される感じになるのです。クリームの乳脂肪分を見直して、イチゴが引き立ち生クリームもきちんと残る、互いを尊重し合うバランスを試行錯誤しています。

――本格的に関わっていますが、農園との契約は業務委託なのですね？

今は「スロースイーツ」の立ち上げに忙しくて、ほかを考える余裕があまりないのですが、私自身はあくまでも独立した存在です。これから他社さんの案件などにもとり組んでいきたいと思っています。

それと、休むことも重要だと思っています。私が不在でもパートさんが作れるレシピを組み、機材ではイチゴを４㎜でカットできるスライサーを導入。パティシエはミリ単位のカットを仕込まれているから、３㎜と４㎜を素早く切り分けられて当たり前ですが、パートさんが熟練するには相当な時間がかかりますから。４㎜にスライスしたイチゴを乾燥機にかけ、パウダーで保管してフィナンシェなどに使います。そうしたレシピや道具も組み込んだオペレーション、商品構成を組み立てることで、利益が確実に出る仕組みを作っていくのが私の仕事ですね。

――農家と食のプロが組んで利益を出せる事業を立ち上げた成功例になれば、互いの選択肢が増えそうです。

この「スロースイーツ」事業がうまく回り始めたら、周辺の農家からの仕入れも増やしていきたいです。前職で経験した「お菓子づくり

ケーキ用イチゴとはまったく違う畑の完熟イチゴ。その甘さや瑞々しさを活かす生ケーキのレシピを試行錯誤して開発した。

教室」を収穫体験と組み合わせるアイデアもあります。パティスリーが地域の農業と、ここで暮らす消費者たちの接点になるようなことを、やっていきたいんです。

――これからパティシエの在り方も変わっていくのでしょうか?

今はシェアキッチンがあって個人のネット販売が簡単にできて、昔では考えられないくらい恵まれた環境。組織に属していなくてもパティシエにはなれますし、やりたい人はどんどんやるべきだと思います。

ただ、今は〝映え〟とか言いますが、やっぱり見た目だけなく、味をちゃんとしないとダメ。購入した人が「おいしかったから」とリピートする、誰かに贈りたくなることが大前提です。そうやってファンをコツコツ増やしていくしか、成功の道はないと思います。

最近はコンビニのスイーツがすごく充実していて、正直この値段でこの味を出せるなんて、すごい企業努力だと感じます。パティスリーが同じところで評価されてしまってはいけない。採れたてイチゴを使ってパティシエが作る出来立てのスイーツは、お客さまにとって、コンビニスイーツとはまったく違う体験にならなければいけないと思っています。

第7章

工夫次第で事業になる「農のプチ起業」「お酒のプチ起業」

起業家INTERVIEW

農のプチ起業

小澤揚徳(農家が届ける「最高の焼き芋」)

ネイバーズファーム(東京の町なかで生産販売する採れたてトマト)

養沢ヤギ牧場(東京初、ヤギチーズで新規就農)

お酒のプチ起業

シェアードブルワリー(お酒造り×シェアでビジネス化)

カルナエスト蔵邸ワイナリー(都市部のワイン好きを惹きつける)

農でプチ起業する

ハードルが下がった新規就農

この十数年で、実家が農家でない人（非農家）が農地を借りて就農したり、農業に関する仕事に就くという選択肢がとても増えました。

私が農業に転職したのは２００５年。当時は非農家が農業を仕事にするのは、今よりずっと〝狭き門〟でした。

東京都で、初めて非農家による新規就農が実現したのが２００９年。以来、東京都内での新規就農者は着実に増えて、「東京ネオファーマーズ！」というグループも誕生しました。２０２０年には東京都が新規就農希望者向けの研修農場「東京農業アカデミー」を整備し、2021年現在、都内で農地を借りて新規就農した人は約50名に達しています。

もともと東京都は、都市計画上、農地を市街地にしていく方針の「市街化区域」が大半を占めるため、農地の貸し借りが制限されてきましたが、「都市農業振興基本法」の施行も後押しして新規就農者が増加しています。都市部は農地が狭く、農作業にも気を遣いますが、生鮮食品を生産する上で〝消費者がすぐ近くにいる〟ことには、それを上回るメリットがあります。

大消費地の筆頭である東京都が新規就農を進めているように、ほかの都市や都市近郊、それにもちろん農村地域でも、最近は非農家による新規就農に対する行政などの支援体制は、かなり整ってきました。

一般的には、各道府県が設立した「農業大学校」など（名称は道府県によって多少違います）で農業の基礎を学んだあと、ベテラン農家のもとで1～2年間の研修を受けます。その間に借りられる農地の目星を付け、市町村の農業委員会に事業計画を提出し、それが承認されて農地も借りられれば新規就農が叶います。
自治体によって状況は異なりますので、まずは就農したい道府県や市町村の窓口で相談することがお勧めです。各都道府県の農業会議所や、全国農業会議所が主催する「全国新規就農相談センター」のウェブサイトも参考になります。

以前は、たとえばナス産地のナス農家なら、生産したナスを地元のＪＡを通じて市場へ出荷し、市場の相場に応じた代金を受け取る――という形の農業が主流でした。もちろん、今はこうした産地でも新規就農者を受け入れるようになっています。
ただし現在、人口減少や輸入の増加などで農産物は〝余る〟傾向にあります。市場価格が下がって、前述のような方法では農家の生活は成り立たなくなってきました。

現代社会で新しく農家になるということは、生産から販売までを手がける一人事業主になることなのです。一般的な小売業と同じように、選ばれる商品を作り出し、営業して売り先を確保していく必要があります。

では、どんな農業経営でそれを実現させるのか？　求められているのは、加工食品や飲食業と変わらないコスト削減策と事業アイデアです。

法制度が変わって農地が借りやすくなり、サポート体制も充実し、以前に比べれば新規就農のハードルは格段に下がりました。

その一方で、マーケティングがむずかしくなった面もあります。今や非農家出身の若手農家は珍しくなくなり、農業を持続可能な事業とするには、それ以外の〝ウリ〟が必要です。

就農しなくても農に関われる

農業に関する仕事は、新規就農だけではありません。

私自身、農業に関わって15年経ちますが、農サービスを提供する株式会社を立ち上げて、地権者からの業務委託を受けるなどの事業を展開しています。

私が理事長を務めるＮＰＯは、農業委員会の承認を得て約３０００㎡の農地を借りていますが、農産物を販売しているわけでなく、地域の子育て支援や体験型観光などを提供するコミュニティ農園として運用しています。

ＮＰＯには農地の管理にあたる20代の農園事業の責任者がいます。彼は、農園コミュニティや会員制の水田を運営することでＮＰＯから報酬を得て生計を立てています。また２１２ページで紹介した小澤さんは、２０２０年に畑を借りて就農しましたが、それまでは業務委託で農地管理や農体験の提供を本業にしていました。

いま、農に関連して幅広い仕事が生まれています。いくつか例をご紹介しましょう。

農業と飲食・加工・消費者をつなげる

スーパーや飲食店でも「地場野菜」が一般的になってきました。「東京野菜」「鎌倉野菜」など、地場で生産されたローカルフードに価値を見出す人が増え、そこにビジネスチャンスも生まれています。

かつては生産と流通・加工・販売は役割が分担されていましたが、今では農家自身が加工や販売を手がける例が増え、また、流通・加工・販売を担う業者も「生産」と強い接点を作るようになりました。

東京都の多摩地域を拠点にした株式会社エマリコくにたち、島しょを含めた東京産の野菜を扱う生産団体・東京野菜ネットワークなど、自社便を使って地場野菜を消費地へ流通させる流通業者の誕生も、そのひとつです。

私たちのＮＰＯが管理するコミュニティ農園では、クラフトビールの専門事業者が顧客とサークルを作り、ホップを栽培しています。収穫したホップを使ってブルワリーに製造を委託したオリジナルビールを限定販売することで、ファン・コミュニティを盛り上げているのです。

大量生産しない小さな起業では、地場農産物を使い、旬を意識した数量限定商品のほうが、かえって価値を生み出しやすくなります。１５６ページで紹介している

「アトリエこと」は、知り合いの生産者から直接原料を仕入れることで毎月のように季節商品を開発。178ページのキッチンカー「8ROI」は、農家の直売所の脇に出店し、直売所の生産者の食材を使うことで相乗効果を生んでいます。

「農業」を武器に事業の差別化をはかる方法は無数にあります。とくに都市部の農業は、飲食業や食品加工業、消費者たちと、今後もっと距離を縮められるはずです。

具体的なニーズをつかみ、効果的なアイデアを持って、そこに各分野からさまざまな才能が参入してくることを期待しています。

農地を借りなくてもできる農サービス事業

長い間、貸し農園は原則として農家自身か行政が開園するものでしたが、2018年の新法施行で、民間事業者が都市農地を借りて開設する貸し農園が可能になりました。

現在、貸し農園や体験農園などの家庭菜園サービスは、「マイファーム」「シェア畑」の2大ブランドが優勢。2者とも各地の系列農園で「農園アドバイザー」を採用し、リタイア後の本業や副業として多くの人が農園運営に携わっています。

まだ例は少ないですが、貸し農園や農体験サービスの運営で起業することも可能です。

前途の小澤さんは、法人から農園の運営を業務委託で任され、家庭菜園を教える仕事をしていました。また、私の経営する株式会社農天気では、農地ではなく宅地を借りて「大豆を育てて味噌づくり体験」などの農体験を提供しています。

宅地は農地より地代が格段に高いため、農産物の生産と販売では割に合いません。食育や福祉、飲食などの付加価値が付く農サービスだからこそ事業が成り立つのです。

つまり地代に見合った収益が見込める事業なら、農地ではない土地で貸し農園や観光農園を開業できます。さらに、農地にはトイレや屋根付きの休憩スペースなどの建造物、駐車場を設置することは原則として不可能ですが、宅地ならば可能です。管理委託を受けた遊休地、工事が始まる前の開発予定地など、立地の良さと綿密な事業計画があれば、それが事業として成り立つ可能性は高いと思います。

農業は、極端に言えば「地面」と「作物の種」があればできる事業です。都市部でも空地や空き家の増加が問題となっている現在、菜園付きのシェアスペースを開設するなど「農事業」とうまくマッチングできれば、好立地でも破格の条件で活用できる地面と出合えるかもしれません。

渋谷区で活動するＮＰＯ法人アーバンファーマーズクラブは、複数の商業施設と連携して屋上などでコミュニティ活動や農サービスを提供しています。農産物を栽培する技術とアイデア、そして地面（もしくは屋上や植栽などの緑化可能なスペース）さえあれば、いつでも始められるのが農サービス事業なのです。

ここからは、都市部で新規就農した3人の事例をご紹介します。全員が農産物を生産するだけでなく、生産した農産物を「どのようにして消費者に届けるか」を考え、それを実現できる独自の計画やアイデアを持って就農しました。

起業家INTERVIEW　農のプチ起業①

「最高の焼きイモ」を届けるため ぼくは農家になった

畑から届ける「壺焼き芋」

小澤揚徳（あきのり）

都市近郊の農業は、飲食店や消費者へ野菜を直接販売しやすいのがメリット。直販では毎月5品目以上はほしいところですし、野菜は品目ごとに少しずつ異なる〝旬〟の時期が一番うまく栽培できます。だから都市近郊の新規就農者には、旬を追って年間数十品目を作る「少量多品目栽培」が多いのです。しかし、小澤揚徳さんは違いました。最初から「焼き芋」に特化した農業経営をめざしてサツマイモ作りをスタート。目標にしたことを時間をかけて実現させています。小澤さんイチ押しの「紅はるかの壺焼き芋」を味わいながら聴きましょう。

DATA

商品：自分で栽培したサツマイモの「壺焼き芋」、露地野菜など／起業年：農地の賃借は2020年／初期投資：約100万円（焼き芋壺、軽トラなど）／売上と所得：2020年の農業関連収入は約120万円、うち所得約80万円

——大きな壺ですね。

高さは80㎝くらいあります。ふたを開けるとイモをぶら下げるリングがついていて、一度に20本くらい焼けます。壺の底に炭火を入れて、中の温度を200℃くらいまで上げて、40分から1時間、じっくり焼くことで甘みを引き出すんです。壺ごと軽トラで運んで、カフェの軒先やイベント出店などで焼きながら販売しています。

——驚くほどの甘さとしっとりした食感は、完成された高級スイーツという印象です。

この「紅はるか」という品種のサツマイモと出合ったのは、2010年。焼き芋の概念が変わるくらい衝撃的でした。今ではだいぶ有名になりましたが、当時まだ無名の品種でした。その後、茨城県で農業研修をしているときに知ったのが壺焼き芋。これだ！と思いましたね。「紅はるか×壺焼き」。石焼き芋の機材は運ぶのが大変ですけれど、壺ならば運びやすいし、見た目もどこかノスタルジックでいい感じ。壺焼きは昭和初期に始まった焼き芋の製法で、石焼きより歴史があるんです。

――しっとり系の甘い焼き芋といえば「安納芋」が有名ですが、最近は「紅はるか」の人気が高まっていますね。私が小澤さんの焼き芋への熱い思いを聞いたのは２０１３年。農業系のプレゼン大会で「ニューヨークで紅はるかの焼き芋屋さんをやる」と主張していました。

聞かれてしまいましたか（笑）。実は、あの頃からサツマイモを栽培するなら東京、それもあきる野市と決めていました。それから紆余曲折あり、ずっと農業は続けてきましたが、ようやく２０２０年秋に、あきる野市で新規就農してサツマイモ栽培に取りかかることができました。

――「紅はるか」との出合いから10年。どんな紆余曲折だったんですか？

大学卒業後、自転車販売店に就職したのち、自転車便のメッセンジャーをやっていたんです。自転車が好きで、いつか自分の自転車販売店を持ちたいと漠然と思っていました。２００７年当時は好景気で、特に不動産投資信託がプチバブル状態。

金融機関、ディベロッパー、弁護士、税理士などの間で契約書を運ぶ仕事が多くて、業界を下支えしている自負もありました。ある会社なんか、行くたびに受付嬢の数が増えて、やがて一等地のワンフロアへ引っ越し…と、みるみる拡大してましたね。
それが2008年のリーマンショックで一転。今度はどんどん受付嬢の数が減って、最後は内線電話1つになって、レンタルオフィスで役員が残務処理している光景まで見ました。金融という実体のないものに振りまわされた様子を間近で見て空しくなり、地に足のついた仕事をしたいと思うようになった。それで農業にたどり着いたんです。20代の終わりでした。
体力には自信があったんですが、適性をみようと埼玉県農業大学校に1年間、通ったのが2010年。そこで「紅はるか」に出合いました。

――そこから東京での就農までは?

県立の農業大学校は埼玉県内での新規就農を支援してくれます。実際「JAの嘱託職員をしながら埼玉で就農」という有り難い話をいただいて、乗りかけていました。

でも、池袋で開かれた就農相談会「新農業人フェア」で、東京で新規就農した人の講演を聞いてしまったんです。え!? 東京で農業ができるの? だったら絶対、あきる野市でサツマイモを作りたいって、思ったんです。あきる野市は実家から近くて、よく自転車で通ったんです。住宅地に近いところに畑が広がっている風景や雰囲気が気に入っていました。

東京の新規就農者を訪ねて、それから産地の状況も知ろうと茨城県の農家で2年間、研修もしました。プレゼンに出場したのは、研修を終えて東京へ戻ってきた時ですね。

ところが、東京で就農できなかったんです!

――なぜですか?

茨城での研修だけではダメで、東京で2年間の研修が必要だというんです。それで西東京の瑞穂町というところにある多品目栽培農家で研修しました。「農の雇用事業」という助成金制度があって、給与をいただきながら研修ができるんです。

研修後に瑞穂町で就農しないかという話もいただきましたが、あきる野市にこだわりました。ただ、自分ではなかなか農地を借りられない。そのとき運よく、あきる野市内で生活クラブ生協が体験農園と固定種野菜などの生産を始めることになり、その農園に農場長として職を得ることができたんです。

業務委託契約だったので、これを機に仕事が広がりました。隣町で「サツマイモ

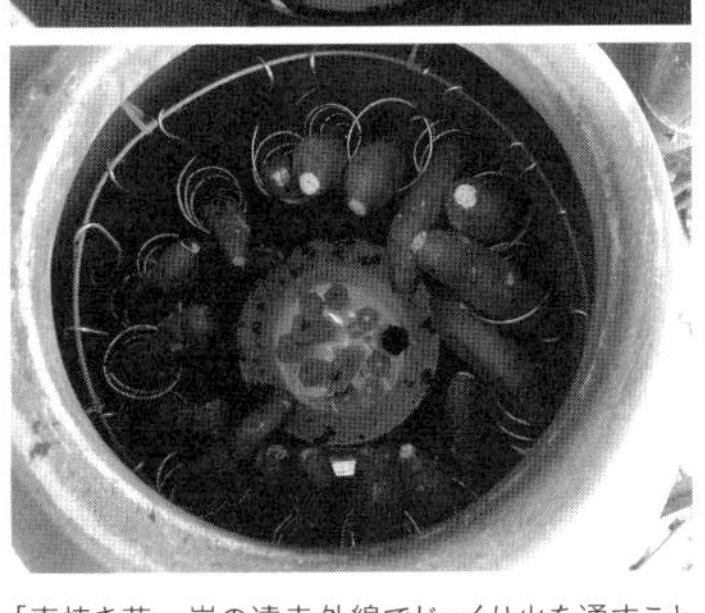

「壺焼き芋」。炭の遠赤外線でじっくり火を通すことで「紅はるか」がスイートポテトのようになる。

収穫体験農場」の管理、江戸川区では市民農園の講座など、仕事をかけ持ちして農業者として独立できました。

――念願のサツマイモ栽培と農業に携わり、収入も安定したわけですね。

確かに、いろいろつながりができたし、自前の焼き芋壺を購入してイベントなどで焼き芋の販売も始められました。

でも、やっぱり自分のサツマイモ農場を立ち上げたいという思いが消えない。そのうち駅近で借りられそうな農地が出てきた。ここならサツマイモの収穫体験サービスなども組み合わせられます。ようやく2020年に、この農地の賃借がかないました。

――初志貫徹したわけですね。

もともとサツマイモが好きで、子どもの頃のイモ掘り体験が今でも印象に残っているほど。農業大学校に入る前、漠然と就農を考えていた時、料理中にサツマイモを目にして「これだ！」とひらめいた。そこから気持ちは変わっていません。
栽培するだけでなく、対面でおいしい焼き芋をお客さんに販売したいと、そのときから考えていたんです。

――焼き芋を売って、それほど稼げるものですか？

初年度、2020年冬シーズンは、知り合いのカフェに毎週出店させてもらいました。そこ自体が知る人ぞ知る隠れ家カフェで、僕自身もほとんど宣伝しなかったんですが、毎回来てくれる常連さんもできて、4、5時間の販売で2万円ほどになりました。お試しで1本300円にしましたが、焼き芋は400～500円でもいけます。出店場所を増やせば、冬場のシーズンに200～300万円程度の売上は見込めるんじゃないかなと、楽観的に考えています。
農業経営全体としては、冬場の焼き芋の製造販売で収入の5、6割を、残りを6、7月のトウモロコシ、秋冬の露地野菜等、10月からのサツマイモの青果販売と収穫体験でまかなう計画。農地を広げながら売上はトータルで、500万円を来年目指します。まあ、独り身なので気楽ですね。

——経営コストはどのくらいかかりますか？

まず、農地は遊休農地で貸借料はゼロ。栗の木が残り雑草が生い茂る場所で、40本くらいの栗の木を軽トラで引き抜くことから始めました。サツマイモは水はけのいい土地なら肥料もいらない。ビニールマルチを敷いて苗を植えるだけです。実際、完全に無肥料、無農薬で栽培しています。

１０００㎡あたり１０００～１２００本の苗を植えて、苗代が約４万円、資材費などで約5万円、これで2トンほどのサツマイモが収穫できます。半分くらいを焼き芋の材料にして、それ以外は青果販売と収穫体験にまわして、売上はトータルで１５０万円ほどの見通し。サツマイモ畑は５０００㎡くらいまで広げたいですね。

——焼き芋という最終商品があると、経営に安定感が出ますね。

焼き芋がいいのは「焼くだけですごくおいしい」というところです。

僕、地域の活動にけっこう参加していて、町内会、神輿会、農協の青年部、観光協会など、声をかけられたら、とりあえず入るようにしています。意外に楽しいんですよ。焼き芋をネタに話が広がるし、それで自分のやりたいことをまわりの人たちにストレートに伝えられる。焼き芋を中心にコミュニケーションが広がっていく状態が理想です。

ただ、最近「壺焼き芋」のライバルが増えてきてるんですよね。焼き芋専門のフードフェスなども都心で開かれて、その場でもよく見かけるようになりました。差別化対策として今年は5、6品種ほど試してみようと思っています。色が紫のものや干し芋系の品種、食感もねっとり系の「紅はるか」だけでなく、ほくほくした粉質系も。

そして、この立地の良さを強みに収穫体験でファンを増やしたい。僕の焼き芋に対する情熱は、出合いから10年経ってもまったく冷めていないんです。情熱のおもむくまま、いろんなことを試していくつもりです。

起業家INTERVIEW　農のプチ起業②

〝街でカフェを開くように〟トマトの施設栽培で就農

川名さん(右)と従業員の山口さん

東京の町なかで生産販売する採れたてトマト

ネイバーズファーム　川名 桂

東京都日野市で2019年に新規就農した川名さんは、全国的な話題になりました。というのも借りた農地が、それまで実質、貸し借りのできなかった都市部の「生産緑地」だったからです。法改正後、初めて生産緑地を賃借した新規就農者であり、東京大学出身で若干27歳というプロフィールも注目されました。さらに2020年、約4500万円をかけて最新型鉄骨ハウスを建設。人も雇って本格的なトマト生産事業を進めています。農園名にもしたコンセプトは、「都市で暮らす人たちに、近所の採れたて野菜を食べてもらう」です。

DATA

商品：ハウス栽培のミニトマト6品種／起業年：2019年／初期投資：鉄骨ハウス、環境制御装置などに約4500万円／売上と所得：青果の売上約1000万円、うち所得約300万円(2021年度見込み)

――住宅地に囲まれた場所で農業を始めたのはどうしてですか？

実家が日野市で、なじみのある地域で就農したかったのと、農業をやろうと思った時、お客さんが近くにいるのはやっぱり魅力的だと思ったからです。

都内（清瀬市）で研修させてもらった農家も、同じ養液栽培でトマトを作っていて、庭先の無人販売所でたくさん売れています。その頃、都市農業の法律が変わりそうだという話があって、それなら、ぜひ人が生活する町なかで農業がしたいと思いました。

――トマトを作ることも決めていたのですか？

大学卒業後、最初に大きな農業法人に就職して、福井県の大型ハウスでトマト栽培に携わりました。そのときは生産だけでなく流通や営業にもかかわっていたんですが、自分でしっかり生産に向き合いたくて新規就農を考え始めて、やるならトマトだなと。トマトと出合わなかったら農家になろうとは思わなかったかもしれません。

トマト栽培は前日に自分のした作業の成果が翌日には現れるので、やりがいを感じやすいんです。手を抜いたり、間違ったことをしても、すぐダメージとして返ってくる。これほどコミュニケーションのできる野菜はほかにないと感動しました。それに女性一人で農業をするには、体力勝負の大面積は不利ですが、トマトのハウス栽培なら小面積で収益が見込めます。

――女性一人で新規就農という事例は、あまり多くないと聞きます。

たしかに畑を貸す側から見れば、これから結婚や出産、子育てというイベントがあるかもしれない女性が、ずっと農業を続けられるのかという不安はあるでしょうね。それに農業は「家業」で、嫁は働き手であるとか、娘には婿養子を取って相続するという考え方も、まだ根強いと思います。

でも、幸いなことに東京都には「東京ネオファーマーズ」という新規就農者のネットワークがあって、すでに女性一人で新規就農している事例がいくつもあります。東京で新規就農したい人と農地のマッチングを積極的におこなっている東京都農業

*各自治体の農業委員会を支援する都知事指定の公的組織。農地保全と担い手育成を主な業務として、農地貸借について具体的なアドバイスを自治体や地主に提供している。

会議*の協力も大きかったです。

農地の賃借は普通、5年などのスパンで更新していくものらしいんですが、私は結果的に30年という、とても安定した貸借契約を結ぶことができました。ハウスを建てるので長期契約を認めてくれる地主さんを探したのです。農業会議や各自治体の担当者の方たちも親身になってくれて、1年半くらいかけました。

――それにしても、30年契約で施設に大きな投資をすると、ご自身の選択肢が狭まったように感じませんか？

農業にかぎらずどんな分野でも、事業に思い切った投資が必要になることはあると思います。それに一人で始めても一人で続けるとはかぎらないし、実際、私も2021年の2月から同世代の女性を一人雇用しています。場所や品目を定めて投資もして、それで選択肢が狭まるというより、むしろ「トマトの生産販売」という軸を最初にしっかり立てることで事業の可能性を広げていく考え方です。

そうやって農業に事業としてとり組む道を拓いていかないと、「農家は代々の男子が継いでいく」というスタイルにも変化が生まれないでしょう。たとえば、カフェをやりたい女性が物件を借りて起業するのと同じように、農業をやりたい女性は農地を借りて好きなように起業する。そんなふうになったほうがいいと思うんですよ。

――なるほど。ただ、農業用ハウスと最先端の装置を備えるには、かなりの費用がかかると思います。資金調達はどのようにしましたか？

今は新規就農者などに対する助成が、かなり充実しています。東京都の新規就

700㎡のハウスには、温度・湿度、日射量などを測定して最適な環境に自動制御する最先端の装置が入っている。

農者定着支援事業からの交付金のほか、市からの支援、コロナ対策の非接触対応の助成金も活用しました。

設備投資は、ハウス、井戸掘削、冷蔵庫、自販機など、全部合わせて４５００万円ほどかかりましたが、そのうち自己負担分は６００万円。それも日本政策金融公庫から約９００万円の借り入れをしたので、なんと自分の貯金には一切手を付けずに済んだんです。ただ、そもそも就農準備や建設までの間に貯金はほぼ使い果たしてしまったんですけど（笑）。

週５日のスタッフの雇用には農林水産省の「農の雇用事業」を活用。月10万円まで２年間の補助が出ます。

――農業関係の手厚い助成金・補助金をフル活用したのですね。

書類の整備や手続きは面倒ですが、それさえ乗り越えれば本当にいろいろ活用できます。でも生産性を上げるために投資しても、現状、自分の手元に残るのは20数万円。基本的に休みは取れるようにしていますが、今年はそれもちょっと大変ですね。

来年には、金銭的にも時間的にも少し楽になるだろうと期待しています（笑）。

――トマト栽培の手応えはどうですか？

２０２０年12月にハウスが完成して、すぐ２０００本の苗を植えました。すべてミニトマトで、赤色だけでなく緑色や黄色、オレンジ色など全部で6品種。本来なら9月に定植して12月から翌年７月まで収穫するのが基本的なスケジュールですが、工期の関係で定植が後ろ倒しになり、収穫開始は2月から。だから、まだちょっと感覚がつかめないところがあります。肥料が多すぎて玉が大きくなりすぎ、味が少しボケてしまったのは反省点です。

それでも、収穫したトマトの４割は畑の脇に設置した自動販売機で売れていて、リピーターになってくれる人も多いので、まずまずのスタートという感触です。この調子で売れてくれれば、トマトの青果だけで年間１０００万円ほどの売上が見込めるかなと思います。

――ハウスの規模が700㎡。農業生産の基本単位である「1反」（1000㎡）あたりに換算すると約1400万円になり、かなりいい数字ですね。

とにかくPRを頑張ってますから（笑）。メディアの取材もどんどん受けて、テレビに出た後は1日のお客さんが200人ということも。でも、そういう波はすぐ収まるので、近所にチラシを配るなど地道で継続的なPRが大事だと思っています。収穫物の5割くらいは畑に併設した自販機で、あとは市内の直売所や東京野菜の流通業者さん、飲食店さんなどに販売して、何とか売り切っていきます。

それでも収穫は天候に左右されるので、最近も20kg分のトマトの行き場がなくなることが起きました。そういうロスをなくすには加工品も必要だと思います。卸先の飲食店やパン屋さんがうちのトマトをジャムやピクルスにしてくれていますが、オリジナルブランドを作りたいですね。そこはスタッフの山口 萌さんが頑張ってくれているので期待しています。

――山口さんは会社員を辞めて、ネイバーズファームに通年雇用されているそうですね？

山口：もともと地方移住にあこがれがあって、山梨県などへ援農に行ったりしていましたが、東京の援農グループに参加した時に川名さんと知り合いました。話を聞いて、川名さんが実現させようとしていることを手伝いたいと思ったので、思い切って会社を辞めて2月から働かせてもらっています。

前職は化粧品の研究職。労働環境も悪くなかったのですが、こちらのほうが自分にとっては、しっくりくる生き方・働き方でした。東京都の「農の雇用」助成は2年で切れるので、それまでに給料分は稼げるようにしないと！（笑）

――トマトの加工品には可能性を感じていますか？

山口：いまトマトジャムを試作していますが、ゼリー状の部分を取り除いて作ると、とても香りのいいジャムができるんです。取り除いてしまえば冷凍保存もできます。

ただ、その手間をどうするか。そこはまだ解決策が見えていないのです。

川名：どうせ作るなら「普通においしい」じゃなくて、「すごくおいしい」加工品をインターネットで販売したいんです。通販サイトには現在、トマトとわずかな露地野菜を出品していますが、こんな新人農家でも注文が来るのは本当に有り難いです。ただ、単価の安い野菜は送料とのバランスが悪いので、加工品は扱いたいのです。

――加工品のほか、どんな展開を考えていますか？

ハウスの建設中、けっこう余裕があったので

従業員の山口さんが試作をくり返しているトマトジャム。

妄想を広げていました（笑）。いずれは収穫体験や飲食事業もやってみたい気持ちがあるし、もしかしたら別途、販売会社を作ってもいいかもしれない。ネイバーズファームは法人ではなく個人事業なので、販売会社を設立した場合は農業とそれ以外の会計を分けないといけないな…とか。まあ、まずはトマトの生産を軌道に乗せることが先なので、本当に妄想の段階ですが（笑）。

ただ、「農家は生産だけで何とかしなきゃ」という呪縛が多くの農家の足を引っ張っている気はします。それで「儲からない」と言っているのはもったいない。せっかく町なかで農業を始めたからには、地域とつながって、いろいろなとり組みで雇用も増やしていきたい。そのほうが農業にも地域にも未来が広がると思います。

――川名さんは、地元で新規就農、トマトハウス建設と、設定した目標を着実にクリアしていますね。次の目標は何ですか？

新規就農という大きな目標を達成すると、今度は、このまま朝から晩まで農作業して何とか生活する仕事の仕方でいいのか？という疑問が湧いてきます。まずは一緒に仕事をしてくれている山口さんの労働環境を向上させて、続けたいと思ってもらえる職場にすることです。

そして自分自身は、次の達成目標を作ること。それを考える時間を取りたくて、最初から雇用をしてチームで営農にとり組んでいます。学生時代には途上国支援に興味があって、社会貢献的な事業にあこがれていました。私は、人が喜んでくれること、人の役に立てることが好きなんです。トマトの生産販売から、さて、どんな道が開けていくのか？…考えるのが楽しみですね。

起業家INTERVIEW　農のプチ起業③

ヤギ牧場とチーズ工房の「酪農起業」で理想の生き方を組み立てています

東京初、ヤギチーズで新規就農

養沢ヤギ牧場　堀 周（いたる）

「東京で、ヤギ酪農で新規就農した人がいる」と聞いたときは、かなりの衝撃でした。搾乳したヤギのミルクでチーズを造って販売する、それで事業が成り立つのか？と。都心から西へ40〜50km、東京都あきる野市の養沢川という沢沿いの林道を上がったところに、堀 周さんの自宅と牧場、チーズ工房があります。話を伺うと堀さんは、納得できるライフスタイルと生計を両立させるために試行錯誤し、戦略を立て、勝算を持って参入したクレバーな起業家であることがわかりました。

DATA

商品：自家搾乳のヤギ乳を使ったフレッシュチーズ／起業年：2020年

――ヤギたちはずいぶん懐いていますね。私も飼ったことがありますが、こんな人懐っこくなかったです。

僕のことをお母さんだと思っているんですよ（笑）。生まれたころからミルクをやっているので。この子たちは2頭の母ヤギから生まれた4頭のうち、3頭のメスです。1頭のオスヤギは種付け用のヤギを貸してくれた方に引き取られました。ミルクを出すのは当然メスだけなので、4頭中3頭がメスだったのは、すごくラッキーでした。

――全部で何頭いるんですか？

いま15頭です。2018年に独立行政法人家畜改良センターの長野支場というところで1頭のメスヤギをセリ落とし、人工授精で種付けされた状態で引き取りました。その子の産んだ2頭がメスヤギで、最初からラッキーだったんです。2019年には、その母娘3頭に種付けしました。1頭は流産でしたが2頭が4頭のメスを生んでくれて、母・子・孫の3代6頭のメスヤギが揃った。

そのヤギたちに２０２０年冬にタネ付けをして、２０２１年５月に９頭の子ヤギが生まれたところです。

――順調に増えていますね。搾乳量はどのぐらいになるんでしょうか？

営農計画を立てるときは「１日３リットル×２００日」で計算していたんですが、最初の母ヤギが多いときで１日５リットル、２４０日間くらい乳を出してくれて、想定をかなり上回りました。乳量の多い血統のようなので、その子や孫も期待できます。それで今は想定する搾乳量を上方修正しました。

当初は24頭くらいまで増やすつもりだったんですが、この場所のキャパシティや生産性を考えると半分の12頭くらいが適正。それでも十分経営できそうです。２０２１年５月に生まれた９頭のうちメスは５頭。これで現在メスヤギは11頭です。

――最初に１頭を購入して、あとは出産で増やしていったんですね。

実はここ数年、乳用ヤギの価格がどんどん上がっているんです。ナチュラルチーズの需要拡大とともにチーズ工房が増えたことも理由のひとつかもしれません。一昨年は1頭8万円くらい、今は15万円を超えることもある状態で、だから出産で増やすことを選びました。いいメスヤギを生んでくれれば子ヤギも販売できますし。

――ヤギのチーズは、まだ日本ではあまりなじみがない印象です。売れるでしょうか？

ヤギのミルクはほとんど流通していないので、ヤギチーズを造るには飼育から始めなければなりません。だからヤギチーズ自体はあまり普及していないのですが、そのぶん珍しさからブランドとして差別化しやすい。ナチュラルチーズの需要が増えているなか、東京産という意

シェブール（ヤギ乳）チーズは食感が非常に柔らかく、あまり熟成が進んでいない「養沢ヤギチーズ」はクセの少なさも人気だ。

外性もあって、需要は十分あると踏んでいます。

――堀さんの就農までの経緯を教えてください。

出身はここ、あきる野市です。農業とは縁のない家に育ち、大学の物理学科を出て会社員になりました。でも自分の気持ちのなかでは、誰かの作ったシステムに依存した生き方をすることに違和感があった。何とか自律的な仕組みを作って、生産も販売もできるような生き方をしたいと思っていたとき、テレビ番組で酪農をしながらチーズを造る岡山の吉田牧場のことを知り、「これだ！」と思いました。酪農とチーズ造りを学べる場を探して、北海道の共働学舎新得農場で2年間、研修しました。

だから、チーズが好きとか酪農をやりたいというよりは、自分の理想とする生き方を想定して、いろいろそぎ落としていったら今の道にたどり着いたわけなんです。

――北海道から東京に戻って、酪農で新規就農ですか？　普通は逆のような気が

しますけど。

資源をどのようにお金に転換するかです。

北海道は資源が豊富ですが、お金に換えるには東京などの都市に売り込まなければならない。家族経営では売り込む苦労のほうが大きくなってしまいます。

千葉県や山梨県あたりの山を購入し、木を伐採して牧草地に変え、木を売りながら酪農を軌道に乗せる方法も考えました。でも上下水道や電気の整備などを考えると投資額が大きくなる。山があって生活インフラも整っているところ…と考えて、「地元あきる野でも、できるかも」と思い立ったんです。東京都の農林水産振興財団に相談し、隣の八王子市にある磯沼ミルクファーム（磯沼牧場）が研修生を募集していることを教わって、週5日のフルタイムで働くことにしました。

――30年前から放牧を採り入れ、ヨーグルトやフレッシュチーズなどを牧場内で生産している有名な牧場ですね。乳製品の加工施設もあります。

そうなんです。それで最初の1頭は磯沼牧場で育てながら出産させ、牧場の仕事の前後に子ヤギの世話をしたり、ヤギチーズの試作品を造って、牧場の売店で試食販売もさせてもらったりしました。

そして休みの日には就農のための土地と家探し。地元のあきる野市に、山の斜面を背後にした空き家を見つけられたのもラッキーでしたね。

――伺っているとトントン拍子で話が進んでいったように思えます。

いやいや、そんなに簡単じゃなかったですよ。

まず、ヤギ酪農で新規就農なんて前例もないし、説明しても信じてもらえないんです。２０１９年11月の台風では家の前の道路が冠水してしばらく使えなくなったり、12月に自分の子どもが生まれたら双子で、てんやわんや。それでも1月に引っ越し、2月に正式に新規就農して、3月には磯沼牧場からヤギを連れて来て、コロナ禍でなかなか準備がはかどらないなか、5月にはヤギの出産、そして搾乳ラッシュです。

本当に駆け抜けてきた感じ。2020年の8月にチーズ工房が完成して、ようやく製造に入ることができました。

――チーズ工房の建設はどうやったんですか？

借りた家には倉庫が付いていて、屋根と柱はそのまま再利用して倉庫をリフォームしました。近くに住む父が木工作家なので、その力は最大限に使わせてもらいましたね（笑）。間取りは4部屋で、搾乳したミルクや搾乳機器の保管室、毎日のミルクやチーズの状態をチェックする検査室、ミルクを殺菌・発酵させる工房、

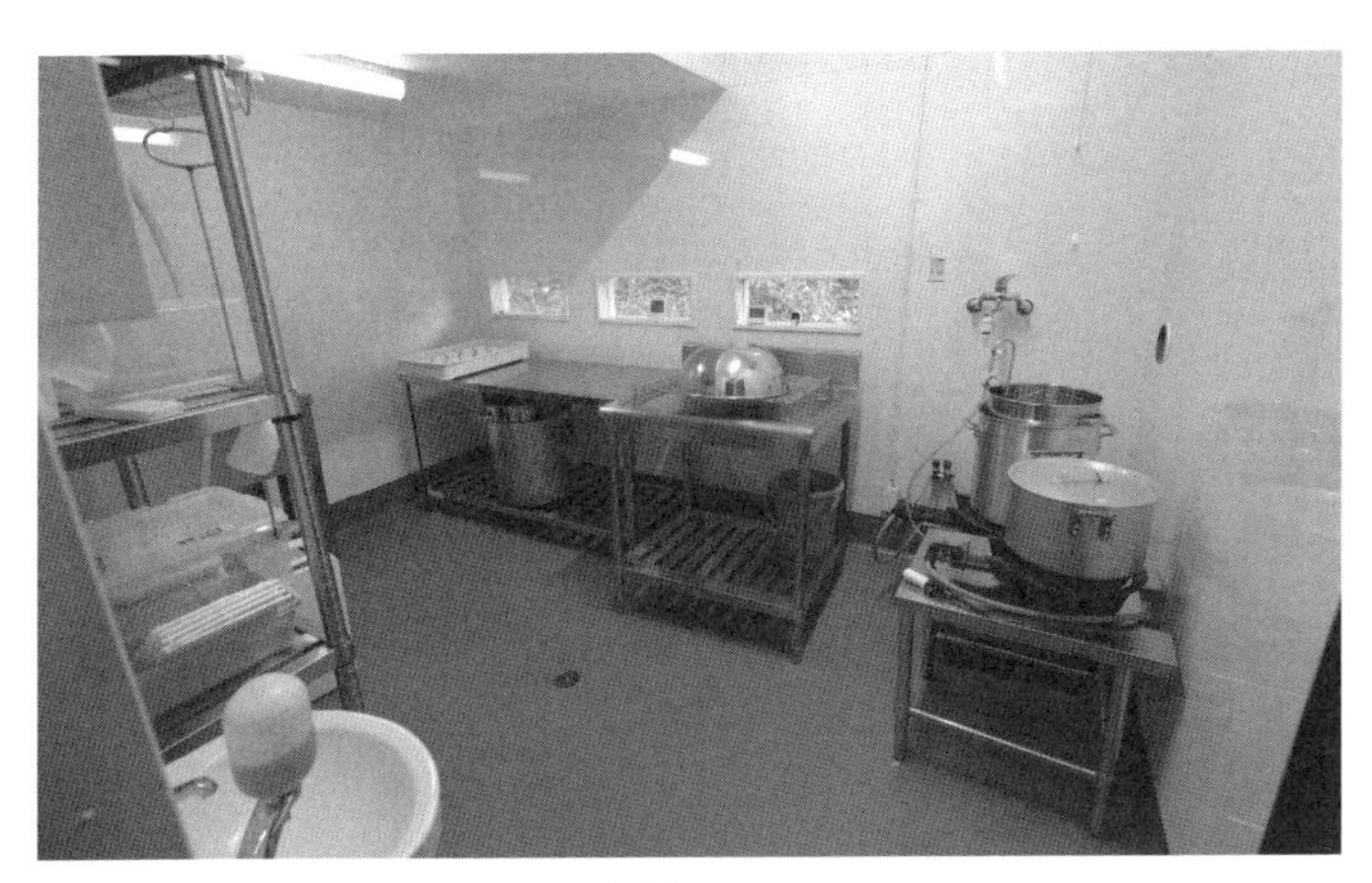

借りた倉庫を手造りでリフォームしたチーズ工房。

そして出荷室です。乳製品製造業の許可を取るためだけでなく、実際に衛生状態を保てるよう慎重に設計しました。

――搾乳から製造までの一連の流れを教えてください。

まだ安定はしていませんが、搾乳は基本1日2回、チーズの製造はだいたい2日に1回です。ヤギ乳は2頭で1日6～10リットル搾れるので、チーズを造る日は12～20リットルのミルクを保管室から工房にチューブで流し込みます。これを63℃で30分間の低温殺菌処理し、冷やして乳酸菌の発酵スターターとレンネット（凝乳酵素）を入れて、その日はおしまい。18～24時間後に布でろ過してできたカードというチーズの素を手で丸く整形して、本格的な熟成に入ります。完成はそこから1週間後です。

今のところ商品は、この「養沢ヤギチーズ」だけ。水分量の調整にもよりますが、製品になるのは14％程度。つまり1リットルから140gのチーズができます。80gの「養沢ヤギチーズ」は税抜1000円なので、10kgのミルクがおよそ

1万5000円になる計算です。

――搾りたてのヤギのミルクを少し飲ませてもらいました。さわやかで、まったく臭みがなく、濃厚で「おいしい」と素直に感じる味ですね。

エサによるのかもしれませんね。多少放牧しているほかは、購入した干し草と乳牛用の配合飼料を搾乳量に応じてやっています。いずれは別に農地を借りて、ちゃんと牧草を自家栽培するつもりです。

せっかく買った牧草の食いが悪かったりと、エサにはけっこう悩まされます。いいチーズを造るためにはヤギの健康を保ち、乳質を良くしたい。それにはイネ科の牧草をしっかり食べさせたいんですが、ほかにおいしいものを知ってしまうと食べなくなるんです。個々のヤギの好みや習慣も理解したうえで、ちゃんと教育することが課題です。

――成型したばかりのチーズと、1週間経って外側がかなり凝固した完成品を食べ

比べさせてもらいました。できたては酸味が強いですが、熟成したものは舌に絡みつくような粘度とともに旨味が口の中に広がりますね。

しっかり熟成が進んでトロみがあったほうがおいしいんですが、商品としては中もある程度は硬くないと、包みの中でドロッと溶けて形をとどめなくなってしまう。「ちょうどいいところ」を見定めるのがむずかしいですね。

――これからの営農の見通しはどうでしょう?

現状はまだ十分に搾乳できる頭数がそろっていないので、週2日、磯沼牧場と、食品加工関連の会社でアルバイトしています。２０２１年のうちに頭数がそろえば体制が作れて収支がトントン、そうなれば２０２２年には12頭ほどから搾乳できて、売上１０００万円ほどになり黒字に転換の予定です。ただ僕一人ではまわせなくなるので、妻やアルバイトの力を借りる必要があるでしょうね。

幸いなことにマルシェなどでの反応を見るかぎり、売り先には困らなさそうです。

あとは、まだ日本ではほぼ皆無なヤギのブルーチーズにも挑戦してみたいと思っています。

お酒でプチ起業する

～ブリュワリー・ワイナリーの新しい形～

クラフトビールを醸造、販売するマイクロブルワリー、ワイン特区制度を利用した小さなワイナリーなどが、ここ数年で急増しています。

かつての地ビールブームや、自治体をあげてブドウ生産からとり組む地域おこしワインとはちょっと違う、個人が数坪の小規模で始める都市近郊のお酒造りが増えているのです。

「自分ブランドのこだわりビールやワイン」は、多くのお酒好きにとって究極の夢かもしれません。しかし、ほかの食のプチ起業と違って、お酒の起業は格段にハードルが上がります。専用の機械など投資コストもかかるうえ、酒税法の関係で既定の量目以上を毎年製造・販売できる根拠を税務署に提出する必要があります。

マイクロブルワリーやマイクロワイナリーは、事業として継続できるだけの利益を生み出すことが非常にむずかしいのです。

しかし、ここで紹介する2つの「お酒のプチ起業」の事例は、一般的な醸造所とは少し異なる独特のスタイルで醸造所の経営を実現しています。二人のプチ起業家は、製造販売以外の付加価値を生み出すことで、経営の壁を乗り越えようとしています。

誰でも気軽にクラフトビールを造れる社会に

お酒造り×シェアでビジネス化

シェアードブルワリー　小林大亮

最近のクラフトビール・ブームを受けて、大手ビールメーカー以外のブルワリー（醸造所）が現在、増え続けています。国税庁の調査対象となっている全国のマイクロブルワリー（小規模醸造所）は約３５０ヵ所。東京都内にも、なんと42ヵ所のマイクロブルワリーが存在します。
クラフトビールを事業化するには販売が大きな課題になりますが、ビール造りそのものは楽しく奥深いもの。そこで、「自分のビールを造りたい！」という思いを叶えるシェアサービスを考案した起業家がいます。

DATA

商品：商品：個人やグループが自家製ビールを製造できるビール醸造体験サービスの提供/起業年：2018年/初期投資：約1000万円（機材等500万円、店舗改装500万円）/売上と収益：売上約760万円、純利益　約150万円（2019年度）

――ここでの醸造体験はどんな仕組みですか？

アメリカや、私が学生時代に滞在していたニュージーランドでは「ホームブルーイング」といって、個人が自家製ビールを造る趣味が盛んです。しかし日本では酒税法で醸造免許は「年間製造量60キロリットル以上」と決まっていて、むずかしい。ならば醸造所の設備を使ってできるようにしようというビジネスモデルです。

個人やグループで予約を入れ、最小単位で330㎖瓶・120本分くらいのビールを仕込みます。完成まで約1ヵ月。醸造家はあくまでも私ですが、随所でお客さんが醸造を〝体験〟することで、自分の好みに合った自家製ビールが造れます。

――初めて聞く試みですが、前例はあったんでしょうか？　前例がないと事業許可も下りなそうですが。

相談先は保健所、税務署、市役所なのですが、保健所と税務署では、やはり前例がなくリスクも高いので簡単には認めてくれない雰囲気でした。体験醸造をおこなっているブルワリーはありますが、うちのように事業計画で体験醸造がメインになっている例は、聞いたこともなかったそうです。保健所と税務署に何度も通い、どこかダメなのか、なぜダメなのかを確認して、ひとつずつ「こうすればできる」とクリアしていきました。結局、スタートまで1年かかりましたね。

――たとえば、どんなことをしましたか？

基本的には食品衛生管理上の安全の担保です。食品製造工場は関係者以外立ち入り禁止が原則です。そこでレイアウトを修正して、体験者用の手洗い場を別に

体験用の樽。このタンク1つで1顧客分のビールを仕込む。

作り、靴も履き替えるようにしました。また作業工程で、とくに混入などのリスクが高いボトリング作業には体験者は関わらないことにしました。さらに製造量全体の50％以上は自社製造ビールとすることで、ようやく許可が下りました。

――この事業を立ち上げようと思った理由は？

食品流通関係の仕事をしていたときから起業を意識して、30代で大学院に通ってＭＢＡ（経営学修士）を取ることにしました。大学院の修士論文では事業計画を立てて発表するのですが、評価ポイントは「新規性」「実現性」「革新性」。つまり前例のない事業であることが大きな評価要素なんです。

ニュージーランドでは自家醸造のビール造りがとても盛んで、滞在中はそれをみんなでワイワイ飲んで楽しかったことを思い出し、「あれを日本でやれたらいいな」とひらめきました。２０１５年頃から盛り上がりつつあった日本のクラフトビール・ブームもあって、これは事業展開もできるんじゃないかとビジネスプランを組み立てました。

最終的に修士論文がビジネスコンテストのようになるのですが、そこで最優秀賞を獲得して、外部審査員をはじめ３名の出資者と出会うことができました。２０１６年度に大学院を卒業して、そのまま起業準備に入り、保健所や税務署に通いながら２０１７年７月に会社登記。その間、ほかのブルワリーを手伝いながら醸造の経験を積んで技術力を付け、お店を開いたのは２０１８年の夏です。

――オープン後の反響はどうでしたか？

業態が注目されやすかったからか、いろいろなメディアに取り上げてもらって、集客にはまったく困りませんでした。なかでもＮＨＫの「おはよう日本」で紹介された時の反響はすごかったですね。

その分、ネックとなったのが製造可能量です。ビールは１樽ごとに仕込んで、完成まで１ヵ月。もちろん樽の数しか仕込めません。予約に応えられず、お断りしなければならないことが多かったので、体験用の樽を最大６樽まで増やして新規予約をストップしました。

ところが2020年のコロナ禍で、友達同士で集まってビールを仕込む〝体験サービス〟自体できなくなり、稼働をストップせざるを得なくなった。そこで思い切って2020年の夏に方向転換することにしました。

――どんな方向転換ですか？

ビール醸造が本業ではなく、あくまでもアマチュアだけれど、プロ並みの知識や技術を持った醸造家たちにオリジナルブランドのビールを造ってもらい、うちで販売することにしたんです。

仕込みは基本、技術的に1人で任せ

東京多摩地域、八王子市の市街地にあるブルワリー。新宿駅から京王線で40分ほどの平山城址公園駅から徒歩約10分。

られる人。アマチュアでそんな人がけっこういるんです。むしろ、プロの醸造家は時間にも職場にも縛られているので、なかなかほかのブルワリーを見学に行くことなどむずかしいんですが、趣味でやっている人は日本全国を飲み歩いて人脈や見聞を広めていて、いろいろな情報を持っています。そういった人に、とことんこだわった理想のビールを造っていただいて、正式に販売する形で世に出す。そのお手伝いをしようということです。

アマチュアブルワー（醸造家）とコラボで造ったオリジナルビールをアルミ缶で持ち帰り販売。

——製造許可の取れるシェアキッチンのビール版というイメージでしょうか？

場所としては似ていますが、大きく違うのが、仕込む人にとって販売して利益を出すことが主な目的ではない点です。ビール醸造を商売として成り立たせようと思ったら、原材料費や人件費などを抑えたうえで、一般的に受け入れられやすい商品を造ることになる。これは意外に制限が大きいのです。

そうしたことを一切、気にせず、究極の道楽としてビール造りを楽しんでいただくことが最大の目的です。オリジナルブランドのビールをシェアードブルワリーで販売できて、自分の生ビール樽をなじみの飲食店に卸すこともできる。イベントを打って販売することもできる。そうやって、その人の友人・知人を中心に人のつながりが広がっていくことを目指しています。結果として個性的なこだわりビールが数多く生まれやすくなる。そういう環境を作りたいのです。

――製造責任やお金の流れは複雑になりませんか？

醸造責任者はあくまでも私です。醸造家（参加者）には私と一緒に仕込みながら、6時間×2回程度の「研修費」約5万円を負担してもらいます。あとは、ある程度自由にうちの施設を使ってもらってかまわない。基本的な原材料費やラベルの印刷費などもこちらで負担します。その代わりに、ビールの売上は100％シェアードブルワリーがいただく。これは酒造免許上、複雑にしないためでもありますし、あくまでも趣味として楽しんでいただくことが目的なので、売上に応じたリターンがあると本来の目的から外れてしまうからです。

――斬新な考え方ですが、受け入れられるでしょうか？

学生時代にニュージーランドでＷＷＯＯＦ（ウーフ）という有機農業を介したネットワークに参加していました。農作業を無償で手伝う代わりに宿と食事を提供してもらう仕組みです。ホストとウーファーと呼ばれる手伝い側は、お金を一切介さないことで、かえって人のつながりが広がってお互い気軽に楽しく過ごすことができる。この仕組みは世界中に広がっているのですが、こうしたネットワークが今、求められているんじゃないかと思います。

――確かに、ビール好きだからといってブルワリーを自分で作るのは、かなりハードルが高いですね。

最小規模のブルワリーでも施設と備品で、やはり１０００万円はかかると見たほうがいいでしょう、さらに毎月１００万円程度の売上を出さなければ経営として成り立たないし、自分の給与を確保することもできません。プロのビール醸造家になるのはかなりむずかしいうえに、リターンも少ない世界なんです。

そうしたリスクを負わなくても本格的なビール造りができて、それを世に出せるというのは魅力的だと思います。

――ただ、製造したビールが売り切れなければ、シェアードブルワリーがリスクを負うことになりますね。

そうなります。しかし、実はいろいろな醸造家のビールを製造販売することは、売り先を確保する意味でも重要だと思っているんです。

クラフトビールを買う人は、どんな基準で商品を選ぶと思いますか？　まず、そのブランドを知っていること。知っていたとしても、そのブランドのファンであることが大きな条件だと思います。実際にクラフトビールを味そのもので選んでいる人はそれほど多くない、というのが私の見立てです。

これだけクラフトビールが乱立しているなかで、選んでもらえるビールを造るのは至難の業。たとえば、今はヘイジーＩＰＡ（濁った外観と苦みに特徴のあるビール）が大人気ですが、５年後にどうなっているかはまったくわかりません。味で選ばれるビールのブランドを作ることは、かなり不確実性が高いんです。そう考えると「知人の造ったビール」がお店にあれば、売れる可能性がかなり高くなる。そこには、ほかのお酒とは違うビールならではの背景も関係しています。

――ビールはほかのお酒とは事情が違うということですか？

日本酒やワインは、その地域の農業、気候、水などによって味が左右されるため、地域性とのつながりが深い。だから地域のオリジナリティを出しやすいともいえます。けれど日本で造るビールは、麦芽もホップも製造機械も、ほとんどすべてが輸入品です。ここ八王子で造ろうがアメリカで造ろうが、原材料と機械が同じなら味に地域性はほとんどあらわれない。ほかのお酒が農業的であるのに対して、ビールはわりと純粋な製造業に近いのです。だから味にもそれほど差が出ないのだと思います。

——なるほど、そう言われてみると、最近は「地ビール」という言い方を聞かなくなりましたね。

そうなんです。地ビールではなくクラフトビールという名称が定着したのは、味もブランドも左右するのは地域ではなく造り手であることが認識されてきたからだと私は考えています。だから、いい造り手がいて、その造り手にファンが付いていることがクラフトビールが売れる最大の要件なんです。少々乱暴な言い方ですが、重要なのは味よりも「誰が造ったか」。だからシェアードブルワリーは、いろいろなアマチュア醸造家たちの造った面白いビールを買える場所になりたいと思っているのです。

——そこに目を付けて、造り手を前面に出した売り方で事業を成り立たせようとしているのですね。

私自身はビール醸造家ですが、実は「自分の造ったビールを有名ブランドへと押し上げたい」とは、まったく思っていないんですよ（笑）。それより「ホームブルーイング」というビールを介した人のつながりが生まれていく場を、ビジネスモデルとして広げていきたい。酒税法との絡みがあるので工夫は必要ですが、ホームブルーイングのスターターキットも作って販売したいと思っています。

ビール好きの人たちが集い、お互いの造ったビールを飲みながら話に花を咲かせて、そこにも新たな人との出会いがあって…いう場を広げていきたいと思っています。

シェアードブルワリー醸造のクラフトビールは通信販売もおこなっているが早々に完売することが多い。

起業家INTERVIEW　お酒のプチ起業②

人口150万人の大都市で人気 ワイン造りを学べる小さなワイナリー

都市部のワイン好きを惹きつける

カルナエスト蔵邸ワイナリー　山田 貢

ここ数十年、国産のブドウを使って国内で醸造する「日本ワイン」が注目されています。地元で採れたブドウでのワイン造りは地域振興にもなり、自治体の後押しもあってワイナリー(ワイン醸造所)は北海道から九州まで広がりました。東京や大阪などの都市部にも小さなワイナリーが複数存在します。2020年、神奈川県川崎市では、農家の後継ぎが最小単位のワイナリーを作りました。他のワイナリーと違うのは、ここが農業(ブドウ栽培)とワイン造りを学びたい人の拠点を目指していることです。

DATA

商品：自家栽培ブドウを使ったワインの製造・販売、ワイン造り講座の運営など／起業年：2017年(ワイン造り開始)／初期投資：約700万円(ワイナリー設備)／売上と所得：ワイン関連(飲食店・講座など)の売上は年間約1500万円、うち所得約1200万円

――カルナエスト蔵邸ワイナリーは「ハウスワイン特区」で酒類製造免許を取得したそうですね。どんな制度なんでしょう？

正式名称は「構造改革特別区域法（特区法）による果実酒の製造免許」といいます。ワインを製造するための免許は、いま3種類あって、基本は「最低製造数量が年間6キロリットル以上」。それを緩和したのが、構造改革特区制度を使って果実酒の最低製造数量を年間2キロリットル以上とする通称「ワイン特区」。さらに特区のなかでも、農家が自分の営業する民宿や飲食店で提供する場合は最低製造数量の規定がないというのが「ハウスワイン特区」です。農家レストランや農家民宿のために作られた制度ですね。

――農家だからこそ使える方法なんですね。でも、あまり聞いたことのない制度です。

ハウスワイン特区でワインを造っているところは、全国に40、50ヵ所あるそうです。でも申請しているのは多くがブドウ栽培のさかんな地方。都市部ではほかに聞いいたことはありません。うちのワイナリーが全国で一番小さいんじゃないでしょうか。

最初は「2キロリットル以上」のワイン特区の申請を川崎市に打診したのですが、やはり原材料確保の点でむずかしそうでした。この特区制度は自治体が産地として農業振興をするための制度なので、ブドウを栽培し、それを使って果実酒を製造することに興味のある農家が、市全域でどのくらいいるかが重要です。なかには先に特区を整備してからワイン造りをしたい新規就農者を募る自治体もあります。結局、川崎市は5軒の農家でハウスワイン特区を申請しました。

特区制度を使った酒造免許は特区内で生産された原料しか使えないし、ワイン醸造自体、利益の出にくい事業です。2キロリットル規模でワイン製造に参入した経験者も「他人にお勧めはできない」と言います。2キロリットルは750㎖のフルボトルで2500本ちょっと。それを1本2000円で売ったとしても年間530万円ほどの売上にしかなりません。さらにハウスワイン特区の免許では、自分の営業所で提供するだけで、酒販店やほかの飲食店に販売することもできない。普通はなかなか参入しないだろうなと思います。

——結局、年間6キロリットル以上製造できなければ収支が厳しいと。では、なぜワイナリーを始めたんでしょう？

私が自家栽培ブドウのワインを造り始めたのは２０１７年。わずか50kgのブドウでも醸造を引き受けてくるワイナリーが東京にあって、川崎産のロゼワインを初醸造しました。ところが、２０１８年の酒税法改正でワインの表記の規定が変わり、たとえば「川崎ワイン」という表記は、川崎市産の原料を85％以上使って、醸造も川崎市内でしなければ認められなくなった。つまり２０１８年から「川崎ワイン」

2018年の法改正でエチケットに「Kawasaki」の文字を入れられなくなった。念願のワイナリー建設で川崎産ワインを名乗れるようになる。

を名乗るには、川崎市内に醸造所が必要になったんです。

その後も東京のワイナリーに委託醸造してワインを造りましたが、地域振興も意識して始めたワイン造りなので、「川崎ワイン」を名乗りたい。川崎市内にはワインどころか日本酒の醸造実績もなくて、税務署の酒税担当者もビールの経験しかなかったんですが、一緒に勉強して国税局に申請してくれることになりました。

――酒類製造免許を取るまでの詳細を教えてください。

まずは自治体に相談して特区申請の準備、次に保健所に確認して醸造所の設計、税務署に相談して酒税法にのっとった免許申請です。すべて同時進行で2年かかりました。

最初は畑のなかにワイナリーを作りたかったんですが、近隣の理解を得るのに時間がかかりそうで断念。自宅の敷地内に5坪のワイナリーを作りました。それでも建物と機材で700万円ほどかかっています。

税務署には、自分で醸造できる経験と知識があること、製造したお酒をすべて販売できることも証明しなければならない。修行させてもらったワイナリーにお願いして醸造経験と知識を証明する文書を書いてもらい、販売については飲食店経営の経験と、２０１７年から自分のワインを販売した実績が役立ちました。２０１９年には３６０㎖のハーフボトルで２５０本は売っていたので。

最後は国税局の酒税担当者による実地検査です。機材の使い方から基礎知識まで、全工程を細かいところまで確認されるので、ちゃんと答えられるかとかなり緊張しました。どこかで引っかかって免許が下りなかったら2年間が水の泡です。晴れて免許を取得できたときは、税務署の署長さんから交付式をしていただきました（笑）。

――そんなに強いワイン造りへの情熱は、どこから生まれたのでしょう。

私は農家の生まれですが、そのまま農業を継ぐのは嫌で、20歳で美容学校に通って美容師になったんです。でも都市農家は相続の問題で、父の代から土地を引き継ぐには自分自身も農家にならなければなりません。

いずれ農業を継ぐなら、１次産業を活かすために2次産業、３次産業の勉強をしておこうと思いました。ヘアメイクの仕事をフリーで続け、同時にフレンチレストランと、フレッシュフルーツしか使わない会員制バーで働き始めました。

当時、都心の高価なレストランが「産地直送」をうたい、わざわざ土付きの野菜や土にまみれた農家の手の写真などを飾るのが流行って、「なんだこれは」と思いましたね（笑）。自分はもっと美しい農家レストランをやりたい。７年ほど修業して、２０１１年、29歳の時に自分の店を開きました。市内でも富裕層や余裕のあるファミリー層の多い新百合ヶ丘駅の駅前で、15席程度の店です。夜はバーのような設えと照明で、お客さまと店を素敵に見せました。

そして店を始めて、ずっと探していた「農家のイメージを変える農業」に出合えた。それがワインだったんです。

――ワインで農家のイメージを変えようと？

実はワインのことはよく知らなかったんですが、お客さまからはワインの要望が多かった。飲食店はお酒の利益率が肝ですから、このままじゃいけないとソムリエの学校に通い始めました。

そうしたら驚きました。受講生の多くはキャビンアテンダント、残りは実業家など、農業のイメージから遠い人たち。その人たちが、ワインの原産地の土壌や気候、有名なブドウ生産者について熱く語っているんです。有名なフランスの農家を「〇〇の神」みたいに呼んだり、〇〇地方の〇〇区画みたいな狭い地域の話を熱心にしている。

それぞれの土壌や気候風土の中で生産者に栽培されたブドウからワインが造られて、それに人々が夢中になっている。全部

赤はブルゴーニュワインの品種として知られる「ピノ・ノワール」。

「ワイン用ブドウづくりに向かない」という川崎市内の自社畑には、それでも300本のブドウが毎年実をつける。

農業の話で、農業がここまで話題にされ、尊敬されている世界があるとは思いもしませんでした。これは、もしかして川崎でもできるんじゃないかと思ったのです。

――しかし、果樹の栽培からワイン造りまで長い時間がかかります。覚悟がいりますね。

そこは深く考えずに２０１３年、手に入ったワイン用品種のブドウ苗を50株植えて、それからいろんなワイナリーをめぐって勉強しました。毎年１００株くらいずつ増やして、今では３０００㎡（30アール）に３００本のブドウが植わっています。品種はシャルドネとピノ・ノワールが中心。３年である程度のブドウが収穫できるので、最初の醸造が２０１７年になりました。

――川崎はブドウとワイン造りに向いていますか？

本業なら、絶対に川崎ではやりません（笑）。ワイン造りほど地域の土壌や気候を反映した農業的なお酒造りはないと思いますが、見てまわった中では長野県が、寒暖差があって土壌も肥沃すぎず、とてもいい環境だなと思いました。

それにひきかえ川崎市なんて、湿度は高いわ夜の気温は下がらないわで、ワイン用ブドウの栽培にまったく適さない（笑）。でも、私はブドウ栽培やワイン造り自体を極めたいわけではないんです。まだ栽培も醸造も未熟ですが、都市型ワイナリーならではの活動で農業を魅力的に見せ、地域を盛り上げていくことが目的です。

自宅の蔵を改装して飲食店営業許可を取り、蔵の2階でワインスクールを始めたんです。私自身、学ぶこと、教えることが好きで、ワインまわりには学びたい人がたくさんいることが実感できたので、ワイナリーに挑戦する価値もあるなと思えました。

——ワインを販売するより、教えることで価値を生み出すわけですね。

ええ。今は自分の卒業したソムリエスクールにも講座を持っています。この講座は1年間、私と一緒にブドウ栽培とワイン醸造に携り、最後は卒業記念にボトル1

本を受け取れるのがウリ。蔵のワインスクールの受講生も累計300人ほどになりました。都市部にはワイン造りに関心のある人がたくさんいて、うちだけでは引き受け切れないほど需要があります。

畑の確保、ブドウ栽培、酒造免許の取得、醸造、販売、飲食店での提供など、すべての工程にかかわらずともワイン造りに携われる環境がないと、需要があっても広がりません。その受け皿となる「学校」みたいなものを構想していて、このワイナリーが拠点になれればいいと思っています。

――都市部でも「ワインで地域振興」が成り立ちそうです。

ハウスワイン特区は自家製造、自家販売しかできませんが、それでもうちのようにかかわる人を増やせば商売として成立します。その次は、川崎市内でブドウを栽培する人が増えること。2キロリットル製造のワイン特区になれば、飲食店や酒販店で「川崎ワイン」を売ってもらえます。川崎市に再び打診を始めたところです。さらに近隣の横浜市、町田市、稲城市などにも広がれば、年間6キロリットル以上の本格的なワイナリーもできるかもしれません。

ワイン造りを本業にするのは、まだ収益的にむずかしい。だから多くの人が楽しみながら副業的に携わることで、地域が盛り上がり、いろいろな可能性が出てくると思っています。川崎市がワイン特区になれれば、飲食店にもワイン造りに参加してもらって、お店のオリジナルワインを醸造・販売することもできる。耕作放棄地を借りて新規就農した人が、ワイン用ブドウを栽培して、お客さんに畝売りする手もあります。醸造はうちでできますから。

ワインを介して、新しい都市型の農ビジネスが広がりそうな予感がしています。

あとがき

妻の小野 円(まどか)が「地元の農産物を使った加工品を作って販売する」というアイデアを話してくれたのは、2013年頃でした。それに対して私は「趣味としてならいいけど、事業が広がるような未来は考えないほうがいいんじゃない？」と感じたままを口にして、その場はたいへん気まずい空気になったものです。

当時、私は農業法人に勤務しながら市民として地域の農業振興やまちづくりにも関わっていました。加工品のブランディングや販売も経験があり、こだわって作った商品でも稼げるブランドに育つのは、ごくひと握りだと知っていました。しかも、妻は学生時代のアルバイト以外に食関連の仕事に携わったことはなく、経験も知識も実質ゼロ。とても勝ち目があるとは思えませんでした。

しかし私の後ろ向きな助言など意に介さず、1年ほどの修業を経て妻は独立。結果として現在、彼女の起こした2つの事業所と3つのシェアキッチンは大繁盛しています。加工品の製造販売で起業し、いまでは食で起業する人のサポートへシフト。自分が経験を積んで課題を感じたからこそ、必要とされるシェアキッチンの形をイメージできたのです。食の小さな起業をきっかけに、そのノウハウを生かして需要をつかみました。

事業を立ち上げるとき、真面目な人ほど、ビジョンを明確にしてサービスや商品を作り込み、それを売り込む計画をきちんと練るでしょう。しかし実際に起業してみると、目の前のお客さまや取引先から求められることに柔軟に対応していくうち、当初は思ってもみなかった商品やサービスが形となって成功へつながることはしばしばあります。「自分のやりたいこと」に固執し過ぎず、「求められること」に自分らしく応えているうちに、いつの間にかしっくりくる働き方、生き方が実現するものです。

心が動いたら、まずは小さく始めてみませんか。新しいことを始めるのに不安を感じない人はいません。不安をかき消してくれるのは具体的なアクションだけです。勇気を出して踏み出すと、周囲は思った以上に支えてくれます。続けてさえいれば失敗もすべて笑い話になります。

私たちを支えてくださっている方々への恩返しに代えて、これから挑戦する人たちを後押ししたいと本書を執筆しました。食と農の小さな起業で、幸せに働く人が増えれば望外の喜びです。

2021年6月　小野 淳

小野 淳 *ATSUSHI ONO*

株式会社農天気 代表取締役農夫／
NPO法人くにたち農園の会理事長

1974年生まれ。神奈川県横須賀市出身。大学卒業後、TV番組制作会社にてディレクター。2005年大手飲食グループの農業生産法人に転職、有機JAS農業を学ぶ。2009年東京都国立市に拠点を持つ農業法人に転職、貸し農園を開設。2013年「くにたちはたけんぼ」設立メンバーとなり、2014年に独立起業。2016年にNPO法人くにたち農園の会理事長に就任。田畑での子育て支援やインバウンド観光、婚活などユニークな農サービスを提供し、都市農業に関する著作や講演も多い。著書に『東京農業クリエイターズ』（イカロス出版）、『都市農業必携ガイド』（共著／農文協）、『菜園ライフ』（NHK／監修・実演）。

シェアキッチン、SNS、ECサイトをフル活用する

食と農のプチ起業

2021年6月30日　第1刷発行

著者　小野 淳

発行者　塩谷 茂代
発行所　イカロス出版株式会社
〒162-8616　東京都新宿区市谷本村町2-3
電話　販売03-3267-2766
電話　編集03-3267-2719
URL https://www.ikaros.jp
印刷・製本　図書印刷株式会社

ISBN978-4-8022-1045-4